U0299609

OpenEuler

异构融合操作系统
关键技术与应用实践

胡欣蔚　李建欣　孙海龙　刘瀚骋　王小雨　编著

电子工业出版社
Publishing House of Electronics Industry
北京·BEIJING

内 容 简 介

本书介绍了异构融合时代的操作系统——openEuler 异构融合操作系统的架构和关键技术，以及 openEuler 异构融合操作系统在行业应用的实践。全书共分为 3 篇：第 1 篇介绍 openEuler 异构融合操作系统的起源，共分为 3 章，内容包括体系结构的发展史，异构融合操作系统的独特价值和挑战，以及 openEuler 异构融合操作系统的架构和技术全景。第 2 篇共分为 3 章，详细讲述了 openEuler 异构融合操作系统中的池化基础底座、异构核心子系统和池化核心服务中的关键技术。第 3 篇共 1 章，主要介绍 openEuler 异构融合操作系统在行业应用过程中的实践，包括对操作系统的诉求、解决方案和效果。

本书面向的读者包括操作系统从业人员、openEuler 社区开发者、开源爱好者，以及其他对操作系统感兴趣的人士。

图书在版编目（CIP）数据

openEuler：异构融合操作系统关键技术与应用实践 / 胡欣蔚等编著. -- 北京：电子工业出版社，2025. 1.
ISBN 978-7-121-49157-3

Ⅰ. TP316. 85

中国国家版本馆 CIP 数据核字第 20246UT411 号

责任编辑：李淑丽
印　　刷：三河市君旺印务有限公司
装　　订：三河市君旺印务有限公司
出版发行：电子工业出版社
　　　　　北京市海淀区万寿路 173 信箱　　　邮编：100036
开　　本：720×1000　1/16　印张：18　　字数：332 千字
版　　次：2025 年 1 月第 1 版
印　　次：2025 年 1 月第 1 次印刷
定　　价：89.00 元

凡所购买电子工业出版社图书有缺损问题，请向购买书店调换。若书店售缺，请与本社发行部联系，联系及邮购电话：（010）88254888，88258888。

质量投诉请发邮件至 zlts@phei.com.cn，盗版侵权举报请发邮件至 dbqq@phei.com.cn。

本书咨询联系方式：faq@phei.com.cn。

序

异构是一种现象，一种由具有差异性和独特性的元素、部分或系统组成事物的现象，这种差异性可能体现在结构、功能、属性等多个方面。异构的概念存在于物理、化学、生物、医学、社会学、信息通信技术、地质学等诸多领域，它体现了事物多样性、复杂性和变化性的本质特征。

在信息通信领域，存在硬件、软件、数据、网络等不同层面的异构。例如，在软件层面，某个系统可能运行由不同编程语言编写的应用程序、操作系统，使系统能够支持多样化的软件生态和应用场景；在网络层面，异构体现在不同的网络技术和协议之间的互操作性和兼容性，有接入网络的异构、业务异构、营运商异构。随着信息通信技术的不断发展，异构网络已成为现代通信系统的重要组成部分。

在计算机的硬件层面，存在不同类型的处理器、内存和输入/输出设备等异构现象。对于现代计算机系统而言，其计算的能力不仅仅局限于 CPU，还来自其他不同的部件，包括 GPU、NPU、DPU 等，而且不同的计算部件各有擅长的计算领域。如何将上述异构的计算能力集成到一个统一的计算平台上，并利用各自的优势，满足人工智能、大数据处理等特定领域的高性能计算需求，提高计算效率，降低能耗，实现绿色计算，是我们面临的一项挑战。

本书作者凭借其在计算机体系架构及操作系统领域的深厚积累，为我们精心构建了一个从计算机体系结构发展史到 openEuler 异构融合操作系统核心技术，再到 openEuler 异构融合操作系统应用实践的完整知识框架。书中详细梳理了从 CPU 时代到 CPU+DSA 的时代，再到对等架构的异构融合时代的发展历程，让我们得以站在历史的肩膀上审视当前技术的变迁，还深刻剖析了异构融合操作系统，给出了设备池化、内存池化、异构融合通信和异构融合虚拟化关键技术。

在之前的有关操作系统的图书中，更多的是集中于某一个操作系统的原理进行介绍。作为信息通信行业的从业者，我非常高兴看到一本介绍将不同计算能力融合的图书出版。它不仅能够帮助我们更好地理解异构融合操作系统，特别是 openEuler 在信息通信行业中的应用与挑战，还能够激发我们对未来信息通信技术发展的思考与探索。

周开波

中国信息通信研究院泰尔系统实验室主任

前　言

操作系统是计算机硬件与应用程序之间的桥梁，是计算机的"灵魂"，其重要性在于支撑信息技术基础设施、保障国家安全和稳定、促进科学研究和创新，以及支持经济社会发展。在当前国际环境下，拥有自主可控的操作系统尤为重要。国务院发布的《"十四五"数字经济发展规划》、工业和信息化部发布的《"十四五"软件和信息技术服务业发展规划》等国家重大发展战略一直把"自主操作系统"作为优先发展方向。

openEuler 是由开放原子开源基金会（OpenAtom Foundation）孵化及运营的开源操作系统技术平台，致力于打造中国原生开源、可自主演进的数字基础设施操作系统根社区。openEuler 的前身是华为公司发展近 10 年的服务器操作系统 EulerOS，2019 年华为公司将其开源并更名为 openEuler。2021 年 11 月华为公司与社区全体伙伴携手共同将 openEuler 正式捐赠给开放原子开源基金会，当前有多个国产 OSV（Operating System Vendor，操作系统供应商）基于 openEuler 发布商用版本（如麒麟软件、统信软件、麒麟信安、凝思、Suse、超聚变等）。openEuler 的定位是面向数字基础设施的开源操作系统，支持 CPU（Central Processing Unit，中央处理器）（包括 ARM、x86、RISC-V 等多种指令集）、GPU（Graphics Processing Unit，图形处理器）、NPU（Neural Processing Unit，神经网络处理器）等多样性算力，并支持服务器、云计算、边缘计算、嵌入式等应用场景，支持 OT（Operational Technology，运营技术）领域应用及 OT 与 ICT（Information and Communications Technology，信息与通信技术）的融合。

随着摩尔定律的失效及 AI 大模型等应用对大规模算力的需求不断增加，数据中心的硬件由单纯的 CPU 算力向多样性的异构设备发展，系统架构由以

CPU 为中心的架构逐渐向异构融合的对等架构演进。在此技术演进趋势下，openEuler 顺应技术发展特点，开始思考下一代操作系统的架构和核心技术。

本书分为 3 篇。第 1 篇是 openEuler 异构融合操作系统的起源，包括第 1 章～第 3 章。第 1 章介绍了计算机体系结构的发展史，展现了异构融合时代已经到来的技术趋势；第 2 章阐述了异构融合时代操作系统层进行异构融合的独特价值与挑战；第 3 章介绍了 openEuler 异构融合操作系统的架构定义和技术全景。第 2 篇是 openEuler 异构融合操作系统的核心技术，也是本书的重点部分，包括第 4 章～第 6 章，分别介绍了 openEuler 异构融合池化基础底座、异构核心子系统和池化核心服务中的关键技术。第 3 篇是 openEuler 异构融合操作系统应用实践，包括第 7 章，总结了 openEuler 异构融合操作系统初步应用过程中的行业实践案例。

编写本书的目的包括：①就"异构融合时代的操作系统如何设计和实现"问题进行探讨，抛砖引玉，希望得到操作系统行业同行和科研人员的宝贵建议；②把当前的应用实践提供给国内各行业的合作伙伴，作为经验参考，使 openEuler 异构融合操作系统能够覆盖到更多的行业，为 openEuler 的生态繁荣添砖加瓦。

另外，通过本书我们期待更多的人一起共建 openEuler 社区，实现我们的愿景——打造数智时代操作系统，融合多样算力，赋能千行万业，铸就基础设施的"魂"。

在本书的编写过程中，我们得到了许多人的帮助和支持。在此，向所有支持我们的人表示最真挚的感谢。

首先，我们要感谢万汉阳、谭煜、秦彬娟、熊伟、蔡灏旻、吴斌、周敬滨、刘晓莉、蔡和、栾建海、郭寒军、张攀、廖清伟、江毅文、高贵锦、陆志浩、谢英太、谢志鹏、严安、黎亮、卢景晓、李力军、王智用等同事，在本书的编写过程中，他们给予了无私的支持和鼓励，他们的指导和建议对我们起到了至关重要的作用，让我们能够更好地完成本书的编写。

其次，我们要感谢（排名不分先后）伍伯东、林飞龙、郝明哲、胡世元、陈东辉、高超、黄斌、杨永光、叶镖翔、杨演超、朱维希、魏玮、房闯闯、侯明永、刘明睿、刘育擘、何秀军、王远、牛博远、卢华歆、邓广兴、朱健伟、杨永光、陈辉、黄堆荣等人，他们在百忙之中抽出时间编写和校对本书的技术细节。同时，感谢电子工业出版社李淑丽编辑，她在这本书的编写过程中付出了很大的努力，为这本书的质量和深度做出了贡献。

另外，我们要感谢（排名不分先后）中国信息通信研究院、华为技术有限公司等行业伙伴提供的案例，他们的实践经验和成功案例为这本书的编写提供了重要的参考和支持，让我们能够更好地展现 openEuler 异构融合操作系统在各个行业的应用情况，感谢他们对行业的贡献。

最后，我们要感谢所有读者，希望这本书能够对大家有所帮助。

由于编著者水平有限，书中难免有不足之处，欢迎各位同行和读者批评指正。

编著者

2024 年 11 月

术　语

缩略语	英文全名	中文解释
CXL	Compute Express Link	计算快速链接：一个开放标准，其高速互联技术可以为高性能数据中心计算机提供高速、大容量的中央处理器（CPU）至设备，CPU 至内存及设备至设备的互连
NVLINK	NVLINK	英伟达（NVIDIA）开发并推出的一种总线及其通信协议
QEMU	Quick Emulation	QEMU 是一款免费的计算机开源模拟器，QEMU 可以执行用户级的进程仿真，从而可以使某一架构编译的程序在另一架构上运行（通过 VMM 的形式实现）
GMEM	Generalized Memory Management	通用内存管理
MMU	Memory Management Unit	内存管理单元
VM	Virtual Memory	虚拟内存
TLB	Translation Lookaside Buffer	旁路转换缓冲，通常称为"快表"
VA	Virtual Address	虚拟地址
KVM	Kernel base Virtual Machine	基于内核的虚拟机
HMM	Heterogeneous Memory Management	异构内存管理
KPI	Kernel Programming Interface	内核编程接口
GMMU	Generalized Memory Management Unit	通用内存管理单元
PF	Page Fault	缺页异常
Numa id	Non-uniform memory access id	非统一内存访问器编号
TEE	Trusted Execution Environment	可信执行环境
CCA	ARM Confidential Compute Architecture	ARM 机密计算架构
virtCCA	Virtualized ARM Confidential Compute Architecture with TrustZone	带 TrustZone 的虚拟化 ARM 机密计算体系架构
TDX	Trust Domain Extensions	信任域扩展
SGX	Software Guard Extensions	软件防护扩展
xPU	xPU	GPU、NPU、DPU 等计算和加速所用芯片的统称
secGear	secGear	openEuler 机密计算解决方案
CRIU	Checkpoint/Restore In User Space	用户空间中的检查点 / 恢复

目　　录

第 1 篇　openEuler 异构融合操作系统起源

第 2 篇　openEuler 异构融合操作系统核心技术

第 3 篇　openEuler 异构融合操作系统应用实践

第 1 篇　openEuler 异构融合操作系统起源

计算机体系结构先是从通用时代发展到以 CPU 为中心的异构时代，现已步入对等架构的异构融合时代，为了更好地抽象和释放硬件算力，openEuler 异构融合操作系统诞生了。

第1章 计算机体系结构发展史 >>>

计算机体系结构的发展历程反映了计算性能、效率与灵活性的持续提升与平衡。计算机体系结构的每一次转型和发展都是计算机科学与技术飞跃和变革的标志。本书将计算机体系结构的发展历程划分为三个标志性的时代：CPU 时代（即通用计算时代）、CPU+DSA（Domain Specific Architecture，特定领域架构）时代（以 CPU 为中心的异构计算时代）和异构融合时代。

CPU 时代的系统主要基于单一类型的处理器构建，如早期的个人电脑和服务器。这一阶段，计算任务几乎全部由 CPU 承担，其设计目标是在单一芯片上追求高性能和通用性。

21 世纪初，随着 CPU 性能的提升受到芯片物理特性和制造成本上的限制，业界开始转向异构计算架构，这标志着 CPU+DSA 时代的到来。在这个时代，系统中包含不同类型的处理器，如 CPU、GPU、FPGA（Field Programmable Gate Array，现场可编程门阵列）等。这些处理器各有专长，GPU 的并行计算能力突出，适合图形渲染和机器学习任务；FPGA 在特定计算任务上可以展现出出色的性能。

异构融合时代是当前计算架构发展的前沿，它标志着计算机体系结构的一次重大转型。这个时代的核心理念是，将不同类型的处理器（如 CPU、GPU、NPU、DPU 等）集成到一个统一的计算平台上，旨在通过融合各种专用硬件的优势，提高计算效率、降低能耗，并满足特定领域的高性能计算需求。异构融合不仅解决了多核时代资源管理和调度的难题，还开创了计算性能和能效的新高度，为人工智能、大数据分析和高性能计算等领域提供了强大支持。

本章将通过回顾这三个时代，梳理计算机体系结构如何从单一处理器的简单模型进化到当前为了满足新型计算需求发展出的异构融合系统。

1.1 CPU 时代

1.1.1 CPU 时代的定义

CPU 时代通常指的是计算机发展史中，以 CPU 作为核心计算系统的时代。这个时期可以追溯到 20 世纪 60 年代，并且一直延续至 21 世纪初，伴随着 GPU 等异构计算芯片的出现才过渡到 CPU+DSA 时代。CPU 时代的特点：

（1）计算系统主要围绕通用 CPU 构建，为执行广泛类型的任务，CPU 设计的重点是对广泛类型任务的执行支持。

（2）由于 CPU 的指令集架构（Instruction Set Architecture，ISA）旨在支持多种应用程序，因此它需要包含大量的指令，以应对各种可能的计算场景。

（3）性能提升主要依赖于 CPU 时钟频率的增加和微架构的改进。

1.1.2 CPU 时代出现的原因

在计算机发展进程中之所以存在以 CPU 为主导的通用计算时代，是因为它是技术、经济和市场多种因素共同作用的结果。下面结合 CPU 时代的历史脉络分析其历史必然性。

（1）20 世纪 60 年代：大型机时代的标准化与兼容性。IBM 在 20 世纪 60 年代初有四条不同的计算机产品线，各自有着独立的 ISA、软件栈、I/O 系统和市场定位。为了提高计算机系统的兼容性和计算效率，市场急需一个统一的体系结构。因此，为了顺应市场需求，IBM 试图通过 System/360 系列的推出，创造一个统一的 ISA，以覆盖从小型企业到大型科研和实时应用的市场。最终，通过微编程技术，IBM 成功地将新的 ISA 推广至整个公司的产品线，从而改变了计算行业，这也使得 IBM 在市场中占据主导地位，System/360 系列的后代也延续至今。System/360 的成功标志着 CPU 时代的开始，体系结构向着统一性和通用性迈进。

（2）20 世纪 70 年代：微处理器与个人计算机的兴起。在这个时期，Intel 的 8008 和后来的 8080 标志着微处理器的诞生，它们将 CPU 的功能集成在一个芯片上。随着微处理器的普及，个人计算机的概念开始形成，如 Apple II 和 IBM PC，这推动了计算机的大众化。个人计算机的普及意味着计算机将走向大众的视野，变成普通人就能够用得起的消费品。为了维持个人计算机的低成本，以 CPU 为核心的体系结构逐渐成为计算机的普遍架构，并且开始了快速发展。

（3）20 世纪 80 年代：CPU 的黄金时代。随着上一个十年计算机体系结构的快速迭代与发展，有关精简指令集计算机（Reduced Instruction Set Computer，RISC）和复杂指令集计算机（Complex Instruction Set Computer，CISC）的辩论在这个时期达到高潮。RISC 设计通过减少指令集的复杂度来提高效率，而 CISC 则通过继续增加指令集的丰富性来提高性能。Intel 原本计划用 iAPX-432 取代 8086，但 8086 ISA 由于 IBM PC 的成功成为主流标准，而 iAPX-432 因为性能问题和复杂的实现最终被废弃。自此，精简指令集开始成为主流，同时高级语言编程也逐渐普及，进一步推动了通用计算时代的发展。

（4）20 世纪 90 年代至今：并行处理需求增加与互联网的普及。随着计算任务越来越复杂，对计算机并行处理的需求逐渐增加，多处理器系统和集群开始变得流行。同时，网络技术的进步和互联网的普及对计算机体系结构产生了重大影响，分布式计算和云计算开始萌芽，摩尔定律失效，单个处理器核心的时钟速度提升遇到瓶颈，多核处理器成为主流，以实现更高的计算能力。单个 CPU 慢慢地不再能承担对用户所有任务的处理，计算机系统逐渐向并行化和分布式发展。

1.1.3 CPU 时代的概念和关键技术

对 CPU 时代产生的一些体系结构概念和关键技术概括如下：

（1）通用计算与 ISA。CPU 作为通用计算单元，被设计为能够执行各种类型的计算任务。而 ISA 定义了 CPU 可以理解和执行的一组指令，包括机器指令和汇编指令。不同的 CPU 可能有不同的 ISA，比如 x86、ARM、MIPS 等。

（2）CISC 与 RISC 架构。CISC 作为早期的 CPU 设计，每个指令都可以执行复杂的操作，但可能需要更多的微代码和时钟周期来完成。而 RISC 旨在通过减少指令集的复杂性来提高效率，每个指令都执行简单的操作，从而加快了执行速度和简化了处理器设计。

（3）内存层次结构。CPU 与内存之间的速度差异巨大，为了弥补这一差距，引入了缓存（Cache）机制，包括 L1、L2 和 L3 缓存，以存储频繁访问的数据和指令。同时，局部性原理指出，一旦某个内存的位置被访问，其邻近的位置很可能也会被访问，这使得缓存成为提高性能的有效手段。

（4）流水线技术。通过在 CPU 设计中引入流水线来并行处理多条指令的不同阶段，从而提高指令执行的吞吐量。

（5）多核与并行处理。单个 CPU 内部可以包含多个处理核心，允许同时执行多个任务或线程，提高了多任务处理能力和计算密度。

（6）摩尔定律。摩尔定律描述了晶体管密度每两年翻一番的趋势，这推动了 CPU 性能的持续增长，但近年来由于受到物理限制，摩尔定律已经失效。

1.1.4　CPU 时代的优缺点分析

CPU 时代在计算机发展初期持续如此之长的时间，其主要优点可以概括为以下三点：

（1）通用性。CPU 几乎是这一时代唯一的计算功能单元，因此被设计成能够执行几乎所有类型的操作，这使得它们非常适合处理多样化的任务，包括从简单的数学运算到复杂的程序逻辑，这为操作系统执行各种各样的任务提供了硬件基础。

（2）灵活性。伴随着指令集架构的改进，CPU 具有高度的灵活性，且通过高级语言对指令集的抽象，操作系统在不改变硬件的前提下可以通过软件编程来满足不同的应用需求。

（3）成熟的技术。CPU 技术经历了几十年的发展，相关的软件生态系统和开发工具非常成熟，这使得程序员能够更加高效地开发和维护软件。

同时，随着操作系统承担的职责的转变与深化，CPU 时代的体系结构逐渐显露出一些不足。

（1）性能瓶颈。随着计算需求的增长，特别是对于高度并行化的任务，如图形处理、机器学习和大规模数据处理，传统的 CPU 由于其串行处理的本质，逐渐显示出性能瓶颈。

（2）能耗效率。CPU 作为通用计算单元，其在处理某些特定类型的任务时，比如场景渲染、机器学习等高度并行的计算场景，可能不如专用硬件（如 GPU、FPGA、ASIC）那样节能高效。

（3）摩尔定律和登纳德缩放定律的失效。随着晶体管尺寸接近物理极限，传统的 CPU 性能提升速度放缓，这使得单纯依赖 CPU 提升性能变得越来越困难。为了提升 CPU 的性能，需要更复杂的制造工艺和更多的硅片面积，这也带来了不菲的技术与制造成本。另外，如果一味增强 CPU 的性能，其热设计功率也会随之增加，这对散热系统提出了更高要求，特别是在移动设备和高密度服务器环境中散热问题更加突显。

（4）安全性。通用计算架构在安全性方面可能不如专门为某些任务优化的架构。随着安全威胁的增多，安全性方面的不足变得尤为突出。

1.2　CPU+DSA 时代

CPU+DSA 时代是指在计算架构演进的过程中，CPU 与专门设计用于加速特定类型计算任务的加速器协同工作的阶段。这个时代的到来，标志着计算技术从单一通用计算向异构计算的转变，以满足不断增长的计算需求和特定领域的性能要求。

1.2.1　CPU+DSA 时代的定义

CPU+DSA 的组合是指在一个计算系统中，通用的 CPU 与专门设计用于加速特定类型计算任务的加速器协同工作，即将 CPU 视为系统的中心控制器，DSA 作为加速特定任务的辅助单元。CPU 负责通用计算和系统管理，如操作系统调度、控制流和一般任务处理，DSA 则专注于加速特定领域应用，如机器学习、图形处理、基因组学分析等。DSA 通过高度优化的硬件实现来提供远高于CPU 的计算效率和能效比，从而显著提升任务的执行速度和效率。这种架构设计利用了 DSA 的高度并行性和专门化的优势，可以大幅加速某些关键工作负载，同时依靠 CPU 来处理那些不适用于加速器的任务，以及协调和调度整个系统的运行。下面介绍一些常见的 DSA 处理器：

（1）TPU（Tensor Processing Unit）。TPU 是专为机器学习应用设计的加速器，特别擅长执行大规模的矩阵运算和张量计算，广泛应用于深度学习模型的训练和推理。它通过提供高度并行化的计算单元、优化的内存系统和减少计算过程中的开销来提升效率，主要应用于图像识别、语音识别和自然语言处理等任务。

（2）GPU（Graphic Processing Unit）。尽管 GPU 最初被设计用于图形处理，但其并行处理能力使其成为机器学习应用加速器的理想选择。GPU 包含大量核心，适合执行数据并行计算任务，如卷积神经网络（Convolutional Neural Networks，CNN）的训练。其可以应用于视频游戏渲染、高性能计算、深度学习模型训练等任务。

（3）ASICs（Application-Specific Integrated Circuits）for Genomics。针对生物信息学应用，如基因组序列比对，ASICs 可以提供高度定制化的解决方案。例如，Darwin 加速器通过减少内存访问和优化计算流程来提升效率，在长读序列组装上比 CPU 快 15 000 倍。其可以应用于 DNA 测序数据分析、生物信息学研究等任务。

（4）PIM（Processing In Memory）加速器。PIM 技术将计算单元集成到存储器内部，减少了数据移动带来的延迟和能耗，非常适合处理大规模图数据、机器学习等领域中的大数据集。其可以应用于大数据分析、实时推荐系统、复杂图算法等任务。

这些 DSA 处理器通过高度专业化的设计，不仅在特定应用领域实现了超越通用处理器的性能和能效比，还在一定程度上缓解了摩尔定律失效带来的性能瓶颈。随着技术的进步，DSA 设计将会继续推动计算机体系结构进入新的黄金时代，特别是在机器学习、人工智能、高性能计算和嵌入式系统等领域。

1.2.2　CPU+DSA 时代出现的原因

DSA 是近年来为了突破多核处理器发展瓶颈而兴起的一种新型硬件设计范式。其专注于特殊应用的性能优化，通过定制化的硬件结构来提升效率和效能，相比于通用处理器，DSA 处理器在特定任务上能提供更高的计算密度和性能功耗比。CPU+DSA 时代出现的原因主要有如下三点：

（1）多核处理器存在局限性。随着摩尔定律的失效，传统处理器的性能提升速度放缓，多核架构虽然增加了并行处理能力，但面临"暗硅"问题，即处理器不能全部同时运行在最高频率下，以避免过热和功耗超标。此外，增加核心数量带来的收益逐渐减少，因为通用处理器必须平衡对广泛工作负载的支持，这需要大量的微架构、芯片面积、缓存和能耗投入，在特定任务上可能并不高效。

（2）性能功耗受到挑战。在高性能计算、嵌入式系统和其他能源受限的应用场景中，通用处理器难以持续改善每瓦特性能指标。由于登纳德缩放定律的失效和电路延迟问题的加剧，通用芯片的计算密度增长受到了限制，芯片的性能功耗比未能达到理想状态，特别是在严格功率约束下的环境中。

（3）计算任务的复杂性和多样性。随着人工智能、大数据分析、机器学习等领域的快速发展，出现了大量计算密集型和数据密集型的任务。这些任务通常涉及大量的矩阵运算，非常适合用于硬件加速，而其需求远远超出了传统 CPU 通用计算能力所能有效覆盖的范围。

随着摩尔定律和登纳德缩放定律的失效，传统的通用处理器在性能和效率上的提升变得越来越困难。同时，新兴的计算领域如机器学习、图形处理、基因组学等对计算能力的需求急剧增加，并且市场对于定制化和创新的需求逐渐增加。这些原因共同推动了 CPU+DSA 时代的到来。

1.2.3　CPU+DSA 时代的关键技术

CPU+DSA 时代的关键技术涵盖了从硬件设计到软件编译的多个层面，以下是一些核心的技术点。

（1）定制指令集和运算单元。DSA 通常包含定制的指令集和运算单元，它们是为加速特定的计算任务而设计的。例如，DSA 可能会包含专门的乘积累加单元或神经网络中的卷积运算单元，以及针对特定数据类型（如 FP16 或 INT8）优化的运算器。以 Google 的 TPU 为例，其指令集专门针对张量操作进行了优化，能高效地处理深度神经网络的计算任务。

（2）专用硬件加速器。为了加速张量运算和神经网络的训练及推理，Google 设计了 TPU。TPU 是一种专用集成电路，在处理低精度的线性代数运算等任务上，其计算能力比传统的 GPU 强大很多。另外，对于视频编码和解码任务也有专门的硬件加速器，例如在某些 CPU 中集成的硬件视频编码器和解码器。

（3）并行处理架构。DSA 通常采用高度并行的架构，如单指令多数据或多指令多数据架构，来加速数据密集型运算。这包括大量的处理元件和数据流控制单元，以便在多个数据点上并行执行相同的或不同的指令。

（4）内存层次结构优化。DSA 通过优化缓存和内存访问模式来减少数据搬运的时间和带宽瓶颈。例如，TPU 采用了特殊的高带宽内存，并且优化了缓存层次结构，使得数据可以在计算单元和存储之间快速传输，减少延迟，提高计算效率。

（5）编译器和运行时优化。DSA 的软件栈中通常包含定制的编译器和运行时系统，它们能够将算法更有效地映射到硬件资源上。例如，XLA 编译器可以将 TensorFlow 的计算图转换为可以在 TPU 上高效执行的代码，实现自动的代码优化和调度。

（6）软件栈集成。DSA 的软件栈通常包含高度集成的编程模型、库和框架，如 TensorFlow、PyTorch 等，这些工具与 DSA 硬件紧密结合，为用户提供了一套完整的工作流程，如优化模型训练和部署等过程，以发挥硬件的最大效能。

对以上技术的综合运用，使得 DSA 能够针对机器学习等特定领域的应用提供前所未有的计算性能和效率，推动了计算领域的进步和人工智能领域的发展与创新。

1.2.4 CPU+DSA 时代的优缺点分析

CPU+DSA 的组合是当前计算机体系结构发展的一大趋势，它结合了通用处理器的灵活性与针对特定计算任务优化的硬件加速器的优点。这种架构在机器学习领域尤为突出，因为机器学习算法的计算核心是低精度线性代数，这类计算既广泛又适合从 DSA 中受益。机器学习需求的增长速度超越了摩尔定律和登纳德缩放定律所能提供的计算力增长速度，使得 DSA 成为解决这一问题的有效方案。

DSA 架构的主要优势在于：

（1）性能提升。DSA 针对特定计算模式进行了优化，因此在执行特定任务时能够提供比通用 CPU 高得多的性能。这对于计算密集型任务，如机器学习、图像处理、视频编码和解码等十分重要。

（2）能效比高。与通用 CPU 相比，DSA 在处理特定任务时可以更高效地利用能源，提供更高的性能功耗比。

（3）响应速度快。DSA 能够加速被频繁执行且具有高度规律性的任务，从而均衡工作负载，缩短应用的响应时间。

DSA 架构也面临一些挑战：

（1）设计难度高。设计 DSA 需要对特定领域的计算模式有深刻理解，同时要考虑到未来几年内算法可能的变化，这增加了设计的复杂性和不确定性。

（2）灵活性受限。DSA 针对特定任务进行了优化，这意味着它们在面对新算法或变化的计算需求时可能不够灵活，难以适应未来的技术演进。运算模式、形状、精度等的改变，可能会导致 DSA 架构的效率大幅下降。

（3）软件生态存在兼容限制。DSA 的成功很大程度上依赖于与之配套的软件生态系统，包括编译器、框架和工具链的成熟度和兼容性。因此，操作系统要持续攻克 DSA 架构下 xPU 异构算力间的高效协同与资源共享能力。

（4）维护成本高。厂家需要考虑多种多样的硬件架构，维护成本极其高昂。

综上所述，CPU+DSA 架构通过结合通用计算能力和针对特定任务优化的硬件加速，实现了计算效率和能效的双重提升，特别适合于机器学习等计算密集型应用。然而，这种架构的设计和应用也面临灵活性与未来适应性的挑战，需要在硬件设计和软件生态构建上做出平衡选择。

1.3　异构融合时代

异构融合时代（对等架构的异构融合时代）是指不同类型的处理器或核心（如 CPU、GPU、NPU、DPU 等）被集成在一起，形成一个统一的计算平台的发展趋势。这种融合旨在通过将各种专用硬件的优势结合起来，提高计算效率、降低能耗，并满足日益增长的特定领域的计算需求。这代表了计算架构的一次重大变革，为突破现代计算挑战提供了新的可能性，同时也带来了新的技术挑战和研究机会。

1.3.1　异构融合时代的定义

对等架构的异构融合作为一种创新的计算架构设计方法，指的是在计算系统中，将不同类型的处理器或核心集成在一起，形成一个统一的、高效的计算平台。这种架构允许不同处理器根据自身的优势处理不同类型的任务，以提高整体的计算性能和能效比。例如，CPU 擅长处理复杂的控制流和通用计算任务，而 GPU 则在处理大规模并行任务时表现出色，如图形渲染和深度学习。NPU则专为神经网络运算而设计，能够高效地执行机器学习算法。

在异构融合架构中，这些不同的硬件组件不是简单地被放置在一起，而是通过精心设计的硬件互联和软件抽象层将它们紧密结合，形成一个协同工作的统一体。这种设计允许系统根据任务的具体需求，动态地将它们分配到最适合的处理器上执行，从而提高整体的计算效率和性能。

随着技术的发展，异构融合架构在多个领域展现出了巨大的潜力，特别是在人工智能、大数据处理和高性能计算等对计算能力要求极高的应用场景中。未来，随着硬件技术的进步和软件工具的完善，异构融合将会变得更加普及，为解决日益复杂的计算问题提供强大的支持。

1.3.2　异构融合时代出现的原因

在当今的计算机体系结构领域，我们正处于一个技术革新的新黄金时代。在这个时代，对等架构的异构融合技术由于其显著的性能和效率优势成为发展的重点。这种趋势的形成主要受到以下几个关键因素的驱动：

（1）性能增长的需求。由于摩尔定律和登纳德缩放定律的逐渐失效，单核处理器性能增长随之放缓，因此需要新的方法来持续提升计算性能。而异构融合通过组合 CPU、GPU 等多种处理器，针对不同的计算任务优化性能，为复杂的应用如人工智能和大数据提供其所需的庞大计算能力，更有可能实现性能的持续增长。

（2）能效比的改善。在能源成本不断上升和环保要求越来越高的背景下，提高能效比成为设计新一代计算系统的一个重要因素。异构系统可以通过将任务分配给最适合的处理器来优化能效，例如，将高并行度的任务分配给 GPU，将需要高频率单线程性能的任务留给 CPU。合理的任务分配使得资源利用效率和能效比都能得到有效提高。

（3）安全性的增强。现代计算环境面临的安全威胁日益增多，例如，熔断和幽灵攻击都揭示了现有架构的安全缺陷。异构架构允许在原有系统上集成专用的安全处理器或设计新的安全机制，以防止类似的侧通道攻击，保障整个系统的安全性。

（4）硬件/软件协同设计的进步。随着高级编程语言和领域特定语言（如TensorFlow）的发展，软件开发者能够更有效地利用硬件资源。异构架构通过硬件/软件协同设计可以实现显著的性能提升，例如通过优化将编译器和硬件直接对接，提高程序的运行效率。

（5）开放指令集和开源实现的推动。开放指令集如 RISC-V 提供了一种模块化、可扩展的方式，允许研究人员和开发者共同创新。这种开放性推动了异构架构的发展，使得各种硬件设计能够适应不断变化的技术需求和市场需求。

综上所述，异构融合的兴起主要是为了满足高性能、高能效、安全性及硬件/软件协同优化的需求，同时也得益于开放指令集和开源实现的支持，这些因素共同推动计算机体系结构领域的快速发展和创新。

1.3.3　异构融合时代的关键技术

在异构融合结构的背后包括多个领域的技术，其中包括四项核心技术，它们各自为系统性能和效率的提升提供了关键支持。

（1）统一内存架构（Unified Memory Architecture, UMA）。统一内存架构是一种允许不同处理单元（如 CPU、GPU 和其他加速器）共享同一物理内存的技术。在传统架构中，CPU 和 GPU 拥有独立的内存空间，数据需要在不同内存间移动，从而增加延迟和能耗。UMA 通过统一内存空间，允许所有处理单元直接访问同一内存池，从而消除了数据复制的需求，减少了内存访问延迟，提高了程序的执行效率。这种架构对于数据密集型应用尤为重要，能够显著提升多处理器协作时的性能。

（2）近数据计算（Near-Data Computing）。近数据计算技术是指在数据所在的物理位置（如存储设备）附近进行数据处理的方法，以减少数据在不同硬件组件间的传输。这种技术特别适用于大规模数据处理场景，如大数据分析和机器学习，其中数据移动可能会成为系统瓶颈。通过在数据生成或存储的地点对数据进行处理，可以显著减少数据传输时间，降低能耗，并提高响应速度。近数计算可以在智能存储设备［如智能 SSD（Solid State Drive）或带有处理能力的硬盘］上实现，这些设备的内置处理器能够执行数据筛选、预处理和某些分析任务。

（3）异构统一编程模型。随着计算平台越来越多地采用不同类型的处理器，就需要一个统一的编程模型来简化开发过程，并最大化硬件的利用效率。异构统一编程模型允许开发者用单一的程序设计接口（API）来编写代码，然后根据不同硬件的特性自动调整执行策略。这种模型支持 CPU、GPU、FPGA 等多种硬件，通过抽象底层硬件差异使程序能够在不同的设备上运行而无须修改代码，极大地提高了代码的可移植性和可扩展性。

（4）操作系统的使能支持。在异构融合环境中，操作系统的角色至关重要，它需要能够有效地管理和调度多种硬件资源。操作系统需要提供对异构硬件的支持，包括内存管理、任务调度、资源分配和安全性控制。这包括优化调度算法以充分利用各类硬件的计算能力，以及确保不同硬件之间的高效数据流和任务协同。通过这些使能支持，操作系统可以确保异构系统中各种资源的高效利用，提高系统的整体性能和稳定性。

这些关键技术共同构成了异构融合的技术基础，不仅显著优化了计算性能和能效，还极大地增强了系统的灵活性和响应速度。此外，它们为高性能计算及数据密集型应用如人工智能、大数据分析和机器学习提供了强大的支持，使得这些技术能够有效处理日益增长的数据量和日益复杂的计算任务，从而推动了科技创新和工业发展。

1.3.4 异构融合时代的优缺点分析

处理器的发展趋势逐渐向异构融合处理器倾斜，这一转变主要是为了适应现代计算需求的日益多样化和复杂化。在这个过程中，异构融合技术作为现代计算架构的关键组成部分，具有许多显著的优势，当然也伴随着一些挑战。

异构融合技术的主要优势如下：

（1）提高计算性能。异构融合处理器结合了 CPU 的通用处理能力和 GPU、FPGA 等专用处理器的高并行计算能力。这种组合使得异构系统不仅能高效执行传统的计算任务，还能在处理大规模数据分析、图形处理、机器学习等并行计算密集型任务时大幅提升性能。例如，在执行深度学习模型训练时，GPU 的并行处理能力可以大大缩短训练时间，提升学习效率。

（2）优化能效。异构处理器可以针对任务特性选择最适合的处理单元，从而实现更高的能效比。例如，GPU 在执行图像处理或视频解码任务时比 CPU 具有更高的能效，因为它可以同时处理更多的数据单元。在大规模的数据中心，这种能效的优化可以转化为显著的电力节约和环境热量输出降低，从而降低冷却成本，提高整体环境的可持续性。

（3）增强系统灵活性。异构融合技术允许系统根据任务特性动态调整资源分配，使得不同的处理器可以在其最擅长的领域中工作，从而最大化资源的使用效率。这种灵活的资源管理不仅提升了处理速度，还增强了系统对新应用和突发事件的响应能力，为适应未来不断变化的计算需求提供了强大的支持。

异构融合技术目前面临的一些挑战：

（1）复杂的资源管理和任务调度。在异构融合系统中，合理地把任务调度至适当的处理器是一项挑战，这需要精密的算法来决定哪些任务应当在 CPU 执行，哪些任务应当交给 GPU 或其他加速器。此外，任务之间的依赖关系和数据同步也增加了调度的复杂性。错误的调度可能导致资源浪费，甚至系统性能下降。

（2）高昂的开发和维护成本。设计和实现一个能够高效利用异构硬件的系统需要前沿的技术和高昂的投资。此外，异构系统的软件支持、驱动开发和系统维护也比传统单一架构更为复杂，成本也更高。高昂的成本和技术障碍可能会阻碍异构技术的快速普及。

（3）软件适配性问题。为了在异构融合架构上实现最优性能，现有的许多软件和算法需要重新设计和优化。这不仅增加了开发者的负担，还需要他们具备深入理解不同硬件特性的能力。此外，市场上软件开发工具和编译技术的不成熟也可能限制异构技术的效能发挥，导致软件生态系统的发展滞后。

综合来看，虽然计算机体系结构向着异构融合的方向发展带来了显著的性能和能效提升，但同时也带来了资源管理、成本和软件适配等方面的挑战。这要求未来的系统设计者和软件开发者共同努力，通过创新的设计和优化策略来克服这些挑战，以实现异构融合技术的广泛应用和发展。

1.4　本章小结

从 CPU 到 CPU+DSA，再到异构融合，计算机体系结构的演变反映了计算需求的变化及技术创新的步伐。每个时代都有其独特的技术特点和挑战，而异构融合时代正引领着计算架构走向更高层次的集成和优化，以满足未来计算领域的复杂性和多样化需求。这一演变不仅是硬件技术进步的结果，还是软件和系统设计领域创新的体现，展现了计算科学的持续进化和适应性。通过回顾这三个时代，我们可以清晰地看到，每一个时代都是对前一个时代的继承与发展，它们共同描绘出一幅计算机体系结构演进的画卷，展现了人类对计算技术无尽的探索与创新精神。

第 2 章　异构融合操作系统的价值与挑战

上一章我们介绍了计算机体系结构的演进过程，当前计算机体系结构已步入异构融合时代。而操作系统主要的功能是硬件抽象和资源管理，那么异构融合时代的操作系统是否需要"异构融合化"？操作系统层进行异构融合有什么独特价值，以及实现异构融合操作系统面临哪些挑战？本章将围绕这些问题来探讨。

2.1　操作系统层异构融合的价值

随着硬件架构的发展，各种新的诉求随之产生。

新产业负载发展诉求。近年来，我们看到像自动驾驶、元宇宙、人工智能等新兴的应用不断创新发展，尤其是 AI 大模型快速迭代演进，催生出 MoE、多模态、长序列记忆体、新搜推等负载模型，数据的规模变得越来越大，算法的复杂度越来越高，对算力的需求呈现出爆发式增长，也催生出在网计算、近数据计算等新的技术模式。为了满足算力诉求，产业界在原本 CPU 为中心的服务器上增插各类加速处理器，这些加速处理器已成为算力基础设施的重要组件。同时，通过高速互联总线，比如 CXL、NVLINK 等，实现异构算力之间的高速互联，该异构计算系统逐渐成为各算力场景的主流架构。

多样异构、多代次硬件演进诉求。如前面所述，多样异构互联计算系统的比重越来越大，另外，现有数据中心的算力供给基本还是以资源为中心的模式，比如将 CPU 代次信息透传给面向最终云租户的弹性虚拟机及容器。在这种模式下，整个数据中心的建设，伴随着更新换代，都会逐渐集成不同品牌、不同代次的混合硬件算力。由于多类型、多品牌和多代次硬件算力的混合，按照资源方式供用户选择必然会导致不同硬件算力形成彼此间无法动态共享的"独立资源池"，这会带来分配不均衡、浪费算力等问题，需要将数据中心的算力供给模式转变为以应用为中心的模式，对算力资源进行整合抽象，以屏蔽硬件之间的差异。

软件简化开发诉求。对于任务一个客户产品，其应用软件都是通过长期投入积累得到的，修改的代价较大。因此，随着硬件迈向异构融合时代，用户最希望的就是在软件不变的情况下自然地从新硬件中获得收益。而对于异构硬件切换，现有的软件代码需要重写才能使用异构算力，随着异构硬件的多样化及多代次演进，对软件代码的开发投入有增无减，成为不可承受之重，需要合适的抽象让上层应用软件在不感知具体算力硬件的情况下解决这一演进的难题。

目前，产业界已经开始探索和尝试实现这样一层抽象基础软件，期望能让用户面向异构算力编程如同在现有的 CPU 体系下编程一样简单，并通过基础设施的能力充分、透明、高效地使用好所有算力。比如，Intel 联合高通、谷歌等成立 UXL 联盟，目标是开发一套软件和工具，使计算机代码能够在任何架构的 AI 芯片和硬件上运行，期望通过这一举措能够创建一个开放的 AI 软硬件生态系统。再比如，微软的 Singularity，其整体架构如图 2-1 所示，它的核心是一个新颖的工作负载感知调度器，其能够针对深度学习训练和推理工作负载透明地实现抢占式与弹性可扩展的调度，从而在不影响正确性或性能的前提下实现资源的高利用率。Singularity 中所有的作业默认都是可抢占、可迁移的，并可以动态调整大小（弹性），且所有机制都是透明的，不需要用户对其代码进行任何更改，也不需要使用任何可能限制灵活性的自定义库。另外，英伟达也在单组件层面尝试统一抽象，比如 NVIDIA CUDA Unified Memory 特性，就是尝试在内存方面将 GPU 卡的 HBM 内存与主机的 DDR 内存统一抽象使用。

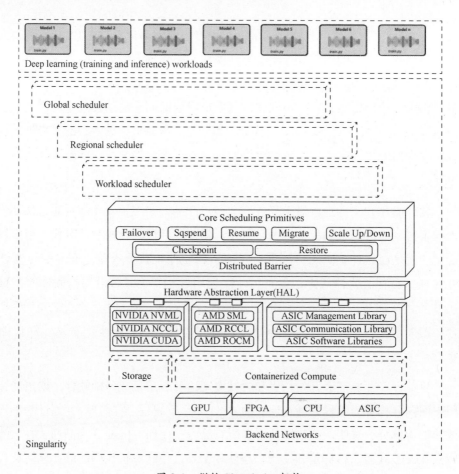

图 2-1　微软 Singularity 架构

　　产业界的这些尝试基本都是在基础设施层面，这一层其实就是操作系统。就像 CPU 时代早期，操作系统也非常简陋或者说没有操作系统，应用开发人员直接面向芯片编程，并在特定的场景中使用，但是随着算力的演进，出现了多个用户使用同样的算力运行多个任务的场景，并且能够面向场景变化快速运行新应用的能力，这个过程中就逐渐诞生了操作系统基础设施并形成了广泛而强大的生态标准。当前，多样异构算力所在的阶段有点像当初 CPU 时代的早期，未来在多样异构融合算力上多用户多任务、灵活变化应对不同场景的诉求也会成为常态，需要一个面向多样异构算力的异构融合操作系统，让用户简单易用，让多异构、多代次算力极致发挥，灵活且有弹性。

2.2　操作系统层异构融合面临的挑战

2.2.1　体系结构与操作系统

经典的计算机体系结构是指计算机硬件的设计和组织方式，包括以下几个方面。

（1）处理器（如 CPU）：包括指令集、寄存器、算术逻辑单元（Arithmetic and Logic Unit，ALU）等。

（2）存储系统：包括主存储器［如 RAM（Random Access Memory，随机存取存储器）］、缓存、辅助存储器（如硬盘、固态硬盘）等。

（3）输入/输出（I/O）系统：包括总线、接口和外围设备。

（4）网络通信：网络接口和通信协议。

（5）并行处理：多核处理器、多处理器系统等。

计算机体系结构的设计影响着计算机的性能、可靠性、可扩展性和成本。操作系统是计算机系统的核心软件，用于管理计算机硬件资源并提供用户与计算机之间的接口。

操作系统的主要功能包括：

进程管理：创建、调度和终止进程。

内存管理：分配、回收和管理内存资源。

文件系统：组织和管理存储在磁盘、固态硬盘等外存上的文件。

设备管理：控制和管理各种硬件设备。

网络通信：提供网络连接和通信功能。

用户界面：提供命令行界面（Command-Line Interface，CLI）或图形用户界面（Graphical User Interface，GUI）。

操作系统的设计和实现直接影响计算机的使用效率和用户体验。

如图 2-2 所示，操作系统是计算机硬件体系结构与应用之间的桥梁，主要提供三个层次的能力。

（1）抽象与硬件协同：操作系统为应用程序提供硬件的抽象，隐藏底层硬件的复杂性，充分发挥硬件算力。

（2）统筹管理全系统资源：操作系统负责管理所有硬件资源，如 CPU、内存、存储、网络等，统筹任务资源供需，提升全局能效。

（3）使能应用与生态：通过丰富的接口与语义使能应用高效运行，建立生态。

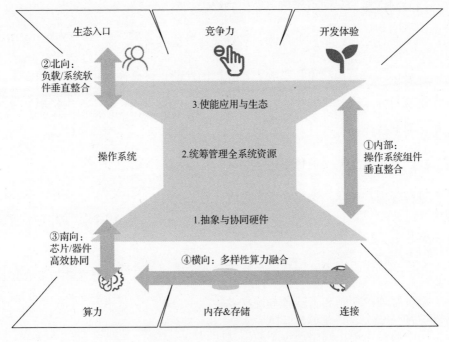

图 2-2　操作系统与应用、硬件体系结构的关系

2.2.2　异构融合下操作系统面临的挑战

如前面所述，在异构融合时代，计算机底层硬件和上层应用发生了一些变化。

底层硬件变化：计算单元从传统的 CPU 演进为 CPU+xPU；内存从传统的 DDR 到 DDR+新增高带宽的 HBM、高速非易失内存等；连接方式从传统的 TCP/IP/RDMA 网络互联演进为纳秒级的高速新总线互联，如 CXL、NVLINK 等；系统架构从单机架构演进到池化架构。

上层应用变化：在传统数据中心应用的基础上新增 AI 大模型等新兴应用，这对数据处理效率、算力效率、系统可靠性提出了更高的要求。

面对这些新的变化，操作系统作为计算机硬件与应用的桥梁，面临着如下挑战。

易开发挑战：面向新的多样化多代次异构算力集群，如何将这些不同厂商、不同代际的多样异构算力抽象为统一的算力表达，南向做统一的算力量化供给，北向定义统一的算力诉求，两者实现按需动态匹配。

易运维挑战：面向大规模的多样化异构算力集群，全局资源管控、软件部署、故障定位定界等问题都变得更加复杂，如何实现对不同算力的高效统一管理，软件如何高效部署，如何实现对故障问题的高效定位定界。

易扩展挑战：不同的负载具有不同的计算模式，如何识别不同计算模式下最小单元任务之间的关联关系，并协同调度到不同算力单元并发执行，充分释放多样化异构算力，且能端到端根据负载 SLA 诉求动态调整调度策略，实现最佳效率。

确定性挑战：根据负载 SLA、性能指标等诉求，基于高速互联的紧耦合系统，如何能够及时感知负载的变化并快速响应和全系统的均衡调整，同时兼顾网算协同、网存协同等实现最快捷的数据处理转发。

高性能挑战：算力的高效发挥需要充分发掘任务的局部性特征，基础软件如何准确获得应用的数据局部性特征，如精确的特征感知及预测、简单易用的特征语义传递接口等，实现近数据高效处理极致性能。

高可靠挑战：从单机变成高速互联的紧耦合算力集群，故障域扩大，可靠性面临更加复杂的错误处理流程，如何定义集群故障模式和类型，并进行精确的预测感知、有效的故障处理及高效的故障恢复。

泛存储挑战：持久化高性能的新介质和高速互联的新总线促进了存储与内存的结合，如何设计实现一套统一的高性能内存&存储池化系统，实现缩短数据读写路径、减少数据无效迁移等，提升整体性能。

强安全挑战：以 CPU 为中心构建的特权级和安全区，在异构对等的场景下不能直接被映射到，面向大规模互联的多样异构算力系统，如何设计实现统一纳管、互信互通的异构完整性保护和机密计算，实现异构算力集群的安全关联分析及动态响应。

2.3　本章小结

本章我们讨论了在异构融合时代，操作系统层面做异构融合的独特价值和挑战。总体来看，新兴产业应用催生多样化、多代次异构算力的发展与演进，而现有软件以资源为中心的模式产生了很大的开发成本及造成了算力浪费，需要操作系统将硬件做合适的抽象，上层软件基于该抽象统一开发，才能支撑计算产业长久、健康发展。同时，要实现异构融合操作系统面临许多挑战，包括易开发挑战、易运维挑战、高扩展挑战、确定性挑战、高性能挑战、高可靠挑战、泛存储挑战、强安全挑战。

第 3 章　openEuler 异构融合操作系统

面对实现异构融合操作系统存在的诸多挑战，openEuler 联合中国信息通信研究院和北京航空航天大学一起对异构融合时代的操作系统进行了定义和探索。本章主要介绍 openEuler 异构融合操作系统的架构和技术全景，在第 2 篇中详细介绍 openEuler 异构融合操作系统的核心技术。

3.1　架构定义

如图 3-1 所示，openEuler 异构融合操作系统的主体架构包含池化基础底座、异构核心子系统、池化核心服务三个层次，它们是传统操作系统面向新应用、新硬件的整体演进和重塑。

三个层次的主要架构目标如下：

（1）池化基础底座：使能异构池化架构底座，定义异构资源池化的关键系统，实现异构资源的抽象与解耦。

（2）异构核心子系统：重塑调度、内存、存储、网络等操作系统核心子系统，使资源高效协同。

（3）池化核心服务：池化节点内的管理服务，简化管理成本，充分发挥池化效能。

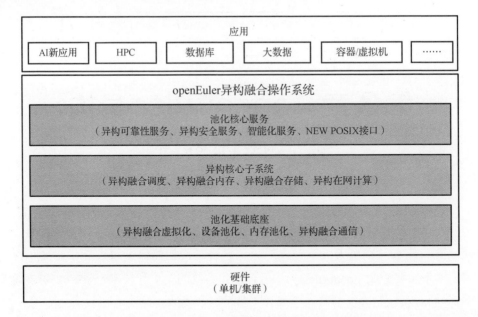

图 3-1　openEuler 异构融合操作系统主体架构

3.2　技术全景

图 3-2 是 openEuler 异构融合操作系统的技术全景。

1. 池化基础底座

池化基础底座主要建立南向算力统一抽象，包括算力、内存和互联设备，应对易开发、易扩展挑战，主要包含以下几项技术：

● 异构融合虚拟化：实现 CPU、xPU、设备计算单元抽象，提供计算、内存和通信协同的虚拟融合资源，支持异构应用按需动态部署，通过削峰填谷式的动态调度来提升整体效率。

● 设备池化：管理互联总线连接的设备，以及资源池中设备的虚拟化。

● 内存池化：池化内存地址管理，使能内存池化基础核心能力。

● 异构融合通信：互联总线连接下的进程间通信机制和异构对等通信。

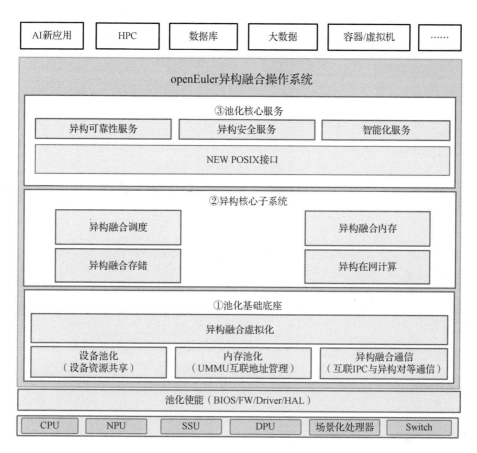

图 3-2　异构融合操作系统技术全景

2. 异构核心子系统

异构核心子系统涉及调度、内存、存储和网络核心能力，应对泛存储、确定性、高性能挑战，主要包含以下几项技术：

● 异构融合调度：实现异构任务原地恢复及 xPU 卡间迁移，可进一步结合应用负载特征全面感知实现细粒度的 xPU 算力间迁移调度，使算力利用率最大化，任务弹性迁移也可提升集群可靠性。

● 异构融合内存：扩展协同 DDR 和 HBM，扩展 AI 场景内存使用空间，提升吞吐量，内存共享通信面向高速新互联硬件，实现跨节点内存相互拆借/共享，提升内存利用率，可以进一步演进为跨节点共享内存通信。

- 异构融合存储：实现面向非易失内存的单层存储能力，缩减 I/O 栈开销，大幅提升性能；未来可演进为近数据计算的动态对等存储。

- 异构在网计算：实现异构场景下将数据通路上的计算卸载到可编程网络硬件上的相关技术。

3. 池化核心服务

池化核心服务应对高可靠、强安全、易运维、易开发挑战，主要包含以下几项技术：

- 异构可靠性服务：系统池化后，故障管理能力需要由单节点拓展到多节点（也就是 Rack 级，Rack 指机架），具备层次化的、多节点协同的特征。

- 异构安全服务：以 CPU 为中心向 CPU+xPU 异构对等架构演进，数据会跨域流通，基于 CPU 的安全传统信任边界被打破，异构安全服务的目的是应对这些新的挑战，包含异构系统的系统安全和数据安全。

- 智能化服务：包含操作系统两个重要的场景——运维与调优，主要是应对从传统的单机节点到池化后多节点运维和调优所面对的新挑战。

- NEW POSIX 接口：一套资源管理接口的类 POSIX 接口，定义算力、内存、应用感知等接口标准，支持跨域高效系统编程。

3.3　本章小结

openEuler 顺应时代的潮流，联合中国信息通信研究院和北京航空航天大学一起定义了下一代操作系统——openEuler 异构融合操作系统，本章主要介绍了 openEuler 异构融合操作系统的架构和技术全景图。

第 2 篇　openEuler 异构融合操作系统核心技术

本篇主要对 openEuler 异构融合操作系统技术全栈中的池化基础底座、异构核心子系统和池化核心服务三个层次的核心技术进行详细介绍。

第 4 章　池化基础底座

池化基础底座包含设备池化、内存池化、异构融合通信和异构融合虚拟化四个部分。本章主要对这四个部分涉及的核心技术进行详细介绍。

4.1　设备池化

4.1.1　设备池化的背景和意义

设备池化是一种将设备资源池化的技术，通过将设备的计算资源、存储资源和网络资源等进行池化，实现资源的共享和动态分配，其在当前计算机系统中占据越来越重要的地位。设备池化技术有以下优势：

提高资源利用率：设备池化技术将多个设备的资源进行池化，从而实现了资源的共享和动态分配，提高了设备的利用率，减少了资源的浪费。

提高设备灵活性：设备池化技术根据应用程序的需求动态分配资源，提高了系统的灵活性和可扩展性，能够满足不同应用程序的需求。

降低成本：设备池化技术减少了设备的数量，从而降低了设备的采购和维护成本，同时减少了数据中心的空间占用。

提高系统可靠性：设备池化技术实现了设备的故障转移和负载均衡，从而提高了系统的可靠性和容错能力，减少了系统的停机时间。

简化管理：设备池化技术将多个设备的管理统一化，从而简化了管理流程，提高了管理效率。

4.1.2　设备池化技术发展的驱动力

从技术发展趋势的角度看，设备池化技术的驱动力主要有以下几个方面：

大规模分布式系统的普及：随着云计算和大数据技术的发展，越来越多的企业和组织开始采用大规模分布式系统来支持其业务和应用。这些系统通常需要处理大量的数据和请求，需要使用大量的计算资源和存储资源。设备池化技术可以帮助这些系统更好地管理和利用这些资源，从而提高系统的性能和可靠性。

虚拟化技术的成熟：虚拟化技术的发展为设备池化技术的实现提供了基础。通过虚拟化技术可以将物理设备虚拟成多个逻辑设备，从而实现设备的池化和共享。虚拟化技术的成熟和广泛应用，为设备池化技术的发展提供了技术支持和实践经验。

业务需求的变化：随着互联网和移动互联网的发展，越来越多的企业和组织需要面对高并发、大流量、高可靠性等业务需求。设备池化技术可以帮助这些企业和组织更好地管理和利用计算资源与存储资源，从而满足业务的需求。

人工智能和机器学习的发展：人工智能和机器学习的发展需要大量的计算资源和存储资源来支持模型的训练与推理。设备池化技术可以帮助企业和组织更好地管理和利用这些资源，从而提高人工智能和机器学习的效率与精度。

4.1.3　设备池化技术现状和趋势

设备池化并不是一个新的概念。如图 4-1 所示，在存储领域中从 DAS（Direct Access Storage，直接连接存储）到以 NAS（Network Attached Storage，网络连接存储）或者 SAN（Storage Area Network，存储区域网络）为代表的网络存储，这些都是目前最典型的设备池化应用场景。

（1）DAS 是指通过小型计算机系统接口（Small Computer System Interface，SCSI）或光纤通道（Fibre Channel，FC）将存储设备直接连接到一台计算机上。

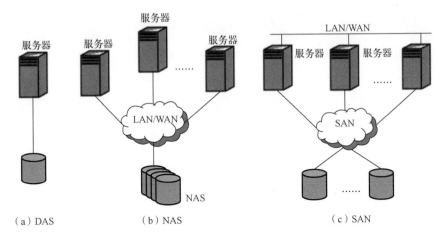

图 4-1　各种形态的存储

（2）NAS 是指通过标准的网络拓扑结构（如以太网）将存储设备连接到计算机集群上。

（3）SAN 采用光纤通道技术，通过光纤通道交换机连接存储阵列和服务器主机，建立专用于数据存储的区域网络。

相较于 DAS 的直连，SAN 存储实现了：

● 存储设备与服务器之间物理连接的解耦。

● 服务器之间存储设备的共享。

● 服务器之间的链路高度冗余，使性能和高可用性都得到了大幅改进。

SAN 技术虽然实现了磁盘类设备的池化，但是其本身的实现依赖于在存储网络设备 PCIE 总线协议层之上叠加各种协议（例如，IPSAN 依赖 ISCSI 协议，FCSAN 依赖 FC 协议族），因此其效率和性能还有很大提升空间。

而网卡等其他类型的设备池化当前暂无成熟的解决方案，本书的思路是直接在总线层面提供设备池化的抽象能力，统一提供设备池化模型。

业界 CXL 2.0 引入了 Switch，支持资源池化，包括单逻辑设备（Single Logical Device，SLD）和多逻辑设备（Multiple Logical Device，MLD）的资源分配，

如图 4-2 所示。其中，H 表示物理设备，D 表示逻辑设备。

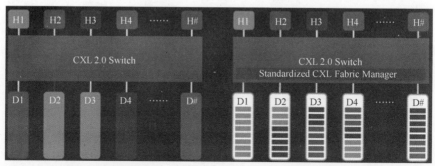

图 4-2 SLD 和 MLD 的原理

- SLD：粗颗粒度的资源分配，一个设备只能被分配到一个服务器上。

- MLD：细颗粒度的资源分配，允许更灵活地分配资源，适用于云服务器等场景。

总线级设备池化，就是通过诸如 CXL 这样的总线将设备形成一个设备池，这也为网卡、DPU 等设备的池化带来了可能性。

图 4-3 描述了传统数据中心的网络架构，其中每一台服务器的网卡都是固定的，每一台服务器都通过插在其上的网卡连接到 TOR 交换机，所以其最大可支持的带宽是固定的。

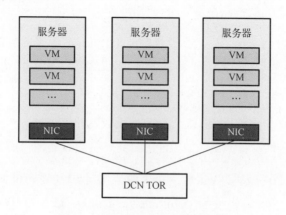

图 4-3 传统数据中心的网络架构

这种网络架构形态在实际应用过程中会带来一些问题，如图 4-4 所示。

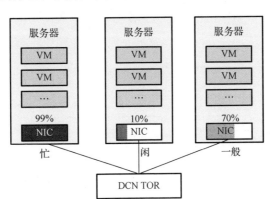

图 4-4　不同服务器的网络负载不一示意图

● 闲时带宽利用率低。

资源利用率是数据中心建设关注的核心话题，网络带宽的利用率同样重要。一般部署业务时会评估一个理论最大带宽诉求，实际运行业务过程中大部分时间都是在低位，偶发业务高峰时期带宽压力才会冲高。这样就导致带宽利用率低，大量预留带宽资源的浪费。为了提升带宽利用率，公有云厂商一般会通过虚拟化等技术，以带宽超分售卖的形式，将整体物理带宽利用率提升到一个合适的水平。

● 忙时带宽不够用。

在业务高峰时期，带宽压力相对应提升又会造成带宽不够用的问题。特别是在使用了带宽超分售卖的情况下，所有虚拟机的总承诺带宽是超过服务器自身网卡能提供的最大带宽的。

● 服务器间带宽压力不均衡。

由于每个服务器的网卡带宽是固定的，因此每个服务器上业务负载情况的不同会导致网卡带宽彼此之间的压力各不相同，无法给业务提供统一的网络服务质量。

通过将网卡、DPU 设备资源池化，可以完美解决上述问题。

如图 4-5 所示，将所有网卡资源统一置于网卡池中，所有服务器共用资源池中的网卡资源，它们可以根据服务器实际的网络负载情况动态申请使用相对应的网卡资源，以达到提升网卡资源利用率、避免网络带宽瓶颈的目的。

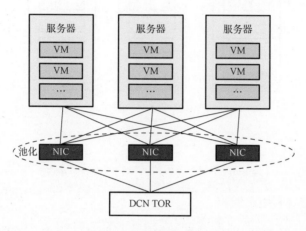

图 4-5   网卡资源统一池化

4.1.4   通过新型高速互联总线实现设备池化

人工智能时代的数据和算力呈现出爆炸式增长，因而催生出一种全新的、可扩展至数据中心规模的新型高速互联总线，其可在 xPU、I/O 设备之间提供高带宽、稳定低时延的互联。

单计算节点的部件正在发生三个明显的变化：芯片走向芯粒（Chiplet）架构、单芯片 I/O 数量增加和芯片数量增加，这使得服务器内的互联拓扑结构需要从传统星形结构转变为网状结构，如图 4-6 所示。在网格结构中，新型高速互联总线将处于不同 Die 上的 I/O 通道上，以网格或圆环方式聚合起来，实现更大的通信带宽；支持任意 I/O 通道之间转发，任意两颗芯片都可使用所有互联路径；芯片间支持直接通过 Load/Store 语义访问数据，提升了小数据块的访问效率。

在传统数据中心，基于 PCIe 主从架构，单个设备只能归属单个 CPU，计算资源或者设备只能在一个服务器内使用，如 NPU、SSD、DPU 等设备均通过

PCIe 插槽与某一台服务器绑定，CPU 只能使用本服务器内的设备，无法跨节点共享其他服务器的设备资源。不同的业务场景对资源的诉求不同，但在传统 PCIe 主从架构下，无法跨服务器为不同的业务按需分配资源。

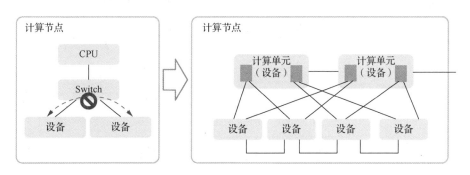

图 4-6　服务器内互联拓扑结构从星形结构到网状结构的转变

在基于新型高速互联总线的数据中心中，内存、计算资源及设备完全对等互联，通过统一的总线功能标识、统一的内存管理单元、统一的内存访问和消息通信机制，实现了数据中心级的资源池化。

如图 4-7 所示，某数据中心基于新型高速互联总线建设，构建了 NPU 资源池、存储资源池和内存资源池等。一方面，其提升了计算实例的弹性性能。例如，单 CPU 最多可使用整个 Rack 内的 64 张 NPU 卡，I/O 带宽最大可提升 8 倍，存储带宽最大可提升 10 倍以上，所有同类资源间互相冗余，实现了更高的可靠性。另一方面，其可为不同业务场景按需分配资源。例如，为应用场景 1 分配更多的 NPU 和 Memory，为应用场景 2 分配更多的 CPU、DPU 和 SSD。

新型高速互联总线提供基于内存语义的数据中心资源池化和高效共享机制、基于程序地址的直接引用机制和支持分布式执行的远程功能调用机制，满足 AI 大模型、元宇宙、大数据分析、云仿真、超算等多种紧耦合、大规模、高性能计算需求和数据中心高效率编程诉求，为数据中心提供接近裸 SSD 的存储访问性能，实现了亚微秒级的设备解耦、池化和共享。

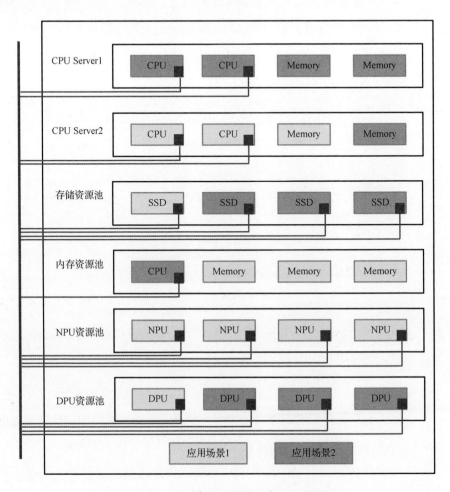

图 4-7　新型高速互联总线资源池化图

新型高速互联总线提供了一种新的、连接多个通信端点的方法，支持任意拓扑结构的连接。如图 4-8 所示，在一个总线域内的 Host 可以共同使用域内的所有设备。设备通过总线连接在一起，为系统提供服务。新型高速互联总线具有如下关键竞争力：

- 支持多个端口。

- 支持灵活组网，支持设备间点对点直接访问。

- 支持设备资源灵活分组，并动态注册给多主机使用。

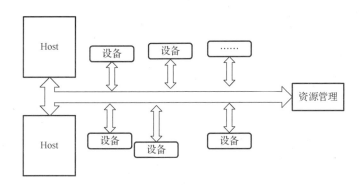

图 4-8　新型高速互联总线

在总线范围内，由"资源管理"角色负责总线控制面的管理，如总线范围内的拓扑管理、资源分配、互联互通及设备管理等。

4.1.5　openEuler 当前实现

有关对设备池化技术的构想当前正在孵化中，其需要支持新型高速互联总线相关的组件，主要包括：

总线驱动：负责初始化总线控制器，提供总线框架服务，响应资源管理组件的设备注册请求，初始化注册的设备模型，为系统提供 sysfs 接口服务等。

资源管理组件：负责 Rack 级总线范围内的资源管理，发现所有设备的资源，提供用于设备资源注册、回收等管理 API。

总线工具包：包含一组用于查询设备、设置寄存器的运维工具。

虚拟化的支持：为虚拟机提供模拟的新型高速互联总线，支持将池化设备资源以直通的方式呈现给虚拟机，以达到更高的设备资源利用率，以及最佳的设备性能。

如果要了解更多相关信息，感兴趣的读者可以在 openEuler 异构融合 SIG（Special Interest Group）中进行交流和讨论。

SIG 链接

4.2　内存池化

4.2.1　内存池化的背景和意义

在计算机系统中，内存管理是至关重要的组成部分。随着计算需求的不断增长，内存容量和性能的提升成为迫切的需求。特别是，大数据、人工智能等领域的快速发展使得计算任务对内存的需求呈现多样化的特点。然而，传统的内存管理方式在处理大规模、高并发任务时存在一定的局限性，难以满足这些需求。为了提高内存利用率和系统性能，内存池化技术应运而生。内存池化技术通过整合不同类型的内存资源，为计算任务提供更加灵活、高效的内存支持。

内存池化是一种内存管理技术，它将不同类型、不同规格的内存资源整合成一个统一的内存池，通过智能分配和调度策略实现内存资源的高效利用。这种技术在内存容量、性能和成本等方面具有显著优势，被广泛应用于各类计算场景。

内存池化的应用场景包括大数据处理、人工智能计算、高性能计算等。在这些场景中，内存池化技术能够显著提高内存利用率，降低系统延迟，提升计算性能。

内存技术的发展一直是计算机技术进步的重要驱动力之一。近年来，随着远端内存技术的崛起，人们见证了内存管理技术的一个重要转变，即内存管理正在逐渐打破传统的主存储器（Main Memory）和固态硬盘之间的界限。过去，两者之间存在着明显的性能差异和成本考量，但如今，随着远端内存技术的不断成熟，其性能已经能够媲美甚至超越主存储器和 SSD，为应用和系统带来了革命性的变化。

该技术突破提升了数据处理和计算的效率，使得大规模数据处理、实时分析及高性能计算等任务变得更加高效和可靠，同时，远端内存的高可扩展性降低了系统的总体拥有成本，使得更多的企业和组织能够享受到高性能内存带来的益处。

在系统架构层面，远端内存技术也带来了更多的可能性。它可以作为共享资源池为多个虚拟机或容器提供高效的内存支持，进一步提高了资源的利用率和系统的灵活性。此外，远端内存技术还可以与现有的存储系统无缝集成，为用户提供更加统一和便捷的管理体验。

在所有这些内存池化的场景中，可以抽象出两个主要的应用场景：基于内存池化的内存扩展和基于内存池化的内存共享。

4.2.2　基于内存池化的内存扩展

内存扩展技术在现代计算环境中扮演着至关重要的角色。在许多实际应用场景中，尤其当处理大规模数据或运行资源密集型应用时，本地内存往往显得捉襟见肘，为了突破这一瓶颈，人们提出了内存池化方式，用于实现对本地内存的有效扩展。

这种内存扩展方法的核心在于，将不同类型的内存资源整合成一个统一的异构内存池。当本地内存不足时，系统可以自动地从这个池中动态分配额外的内存资源，确保那些需要大内存支持的应用能够持续、稳定地运行，不会因内存不足而中断或崩溃。

在这个内存池化的场景中，池化内存的管理至关重要。系统会根据应用的实际需求，将池化内存中的部分资源分配给特定的节点使用。这种分配是灵活且高效的，确保了资源的最大化利用。同时，这些被分配的内存资源仅由指定的节点独占，避免了资源冲突和不必要的开销。

为了确保这些内存使用的高效性，池化内存需要借入当前 CPU 核的缓存子系统并保证缓存一致性。这意味着当 CPU 从池化内存中读取 CPU 缓存时，系统能够确保这些数据的缓存副本与主存中的原始数据保持一致。这一过程由 CPU 核的缓存子系统自动管理，无须额外的软件干预或硬件支持。这种自动一致性管理机制大大简化了内存扩展的复杂性，并提高了系统的整体性能。

通过内存池化的方式实现内存扩展，不仅解决了本地内存不足的问题，还确保了应用的高可用性和稳定性。同时，这种扩展方式还具有高度的灵活性和可扩展性，能够满足不同规模和需求的应用场景。

4.2.3　基于内存池化的内存共享

内存共享是传统内存池化技术中一个非常经典的应用场景。当我们在谈论异构内存池化之上的共享内存时，实际上是在探讨如何在更大的范围内（如整个机架内部）实现数据的共享与高效利用。这种共享内存的机制使多个节点之间能够无缝地访问和交换数据，从而极大地提升了系统的整体性能和效率。

在内存池化架构下，实现内存共享需要克服一系列技术挑战。首先，需要确保多个节点之间的 CPU 核能够通过 Load/Store 指令准确地获取预期的数据。这意味着系统需要提供一种机制，使得不同的 CPU 核能够访问到同一个内存池中的数据，并且这些数据在逻辑上是被共享的。

然而，仅仅实现数据的共享还不够。由于 CPU 核通常会使用其内部的缓存来加速数据的访问，因此需要额外保证所有使用特定共享内存的 CPU 核的缓存子系统保持一致。这是因为当多个 CPU 核同时访问和修改共享内存中的数据时，如果它们的缓存副本不一致，就会导致数据的不一致性和错误。

为了解决这个问题，系统通常会采用一种称为"缓存一致性协议"的机制。这种协议确保了在多个 CPU 核之间访问和修改共享内存时，它们的缓存副本能够保持同步和一致。具体来说，当某个 CPU 核修改了共享内存中的数据时，它会向系统发送一个通知，告知其他所有可能访问该数据的 CPU 核。这些 CPU 核收到通知后，会将自己的缓存副本标记为无效，并在下次访问该数据时从主存中重新加载最新的数据。通过这种方式，系统能够确保所有使用特定共享内存的 CPU 核的缓存子系统保持一致，从而避免了数据的不一致性和错误。在机架范围内，实现这一套"缓存一致性协议"会有很大的协议开销，这涉及"缓存一致性协议"一致性域范围的问题。当一致性域过大时，意味着需要同步的节点或进程数量增多。这会导致大量的数据同步操作，包括数据的添加、删除和更新等，进而产生大量的网络流量。过多的网络流量可能导致网络拥塞，降低数据同步的效率，从而影响整个系统的性能。由于多个节点或进程可能同时对同一份数据进行操作，当一致性域过大时，这种数据冲突的情况会变得更加频繁。"缓存一致性协议"需要有一种数据冲突解决机制来处理这种情况，但当冲突增多时，解决冲突的开销也会相应增加。当前，CXL 总线虽然提出了CXL.cache 的协议，但是在大范围互联下的可行性还需要进一步探索。

4.2.4 实现内存池的两种技术路线

1. 集中式内存池架构

集中式内存池架构在集群环境中指的是一种特定的内存架构，集群中的几个节点被配置为专门提供内存资源给其他节点使用。这种架构通常用于内存密集型应用，如大数据处理、内存数据库和分布式计算等场景。在集中式内存池架构中，以下几个关键点值得注意。

内存节点：集群中的一部分节点，或者专门的内存设备，被指定为内存节点，它们拥有大量的物理内存资源。这些节点通过自我管理，或者依附在一个普通管理节点上，仅负责处理来自其他节点的内存请求。

资源分配：内存节点将它们的内存资源划分成多个虚拟内存池，它们可以根据需要分配给集群中的不同应用或服务。

数据访问：集群中的其他节点通过特定的协议或机制访问内存节点的资源。这可能涉及网络通信，因此数据的访问速度会受到网络带宽和延迟的影响。

一致性保证：在分布式环境中，保证数据的一致性是一项挑战。集中式内存池需要实现机制来确保所有节点看到的数据是同步和一致的。

故障恢复：由于内存节点是集群中关键的资源提供者，因此需要实现高可用性和故障恢复机制，以确保在内存节点发生故障时，集群仍然能够继续运行。

性能优化：为了提高性能，集中式内存池可能需要使用高级的内存管理技术，如内存映射、零拷贝传输和数据局部性优化等。

集中式内存池架构的显著优势在于，其能够为集群中的应用程序提供几乎无限的内存容量，并且极大地简化了内存资源的管理过程。然而，这种设计也引入了额外的复杂性，并可能存在网络通信和内存访问延迟方面的潜在瓶颈。因此，在设计集中式内存池时，必须审慎考虑这些挑战，以确保系统整体能够以高效和稳定的方式运行。

例子：集中式内存池的一种实现——CXL.mem。

CXL.mem 设备是一种遵循 CXL 协议的内存设备。CXL 协议是一种开放标准，旨在提供一种高速、低延迟的互联技术，用于连接处理器、加速器和内存设备。CXL.mem 设备专注于内存扩展和内存池化，允许内存资源在系统中被更加灵活地管理和分配。

CXL.mem 设备通常是一类特殊的内存设备，它们可以通过 CXL 接口与主机处理器或其他加速器设备相连。这些设备可以包含易失性内存（如 DRAM）、非易失性内存（如持久性内存），或者两者的组合。

CXL.mem 设备的关键特性如下：

内存池化：CXL.mem 设备支持内存池化，这意味着内存资源可以被集中管理，并动态地分配给需要它们的处理器或加速器。这种灵活性允许系统根据工作负载的需求来优化内存的使用。

高带宽和低延迟：CXL 接口提供了高带宽和低延迟的通信路径，这对于需要大量数据交换的应用程序来说至关重要。

内存 QoS：CXL.mem 设备支持内存 QoS，允许设备在请求和响应消息中指示其负载级别，帮助系统优化性能并避免拥塞。

内存类型多样性：CXL.mem 设备支持多种内存类型，包括传统的 DRAM 和新兴的持久性内存技术，如 Intel 的 Optane DC 持久性内存。

热插拔和动态配置：CXL.mem 设备支持热插拔，使内存可以在系统运行时被添加或移除。此外，它们可以动态地配置，以适应不断变化的工作负载。

在 Linux 操作系统中，CXL.mcm 设备通常被识别为 PCI 设备，并通过标准的 PCIe 接口进行枚举和配置。

如图 4-9 所示，CXL 交换机位于中央，向上连接着多个不同的主机节点，包括处理器、加速器等，向下连接集中的内存设备。这种设计支持高效的数据传输和资源共享，对于内存密集型应用和需要高性能计算的场景非常重要。通过使用 CXL 交换机，系统可以更灵活地扩展和优化资源，以适应不断变化的工作负载。整个内存池的数据面完全由硬件支持，控制面需要完成对数据通路的配置工作。

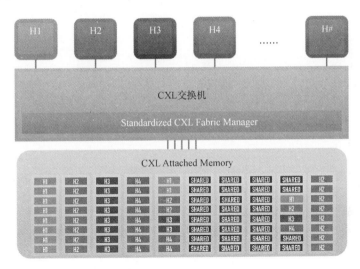

图 4-9　CXL 主机内存互联

2. 分散式内存池架构

分散式内存池是一种创新的内存管理架构，它彻底改变了传统内存集中部署的方式，将内存资源均匀地分布在集群中的多个节点上。这种分布式的内存管理策略不仅提升了系统的整体性能，还增强了系统的稳定性和可靠性。

在分散式内存池中，每个节点都拥有独立的内存管理系统，这些系统能够高效地管理本地内存资源，并根据需要执行内存分配和释放等操作。与此同时，各个节点之间通过网络连接实现数据交换和通信，形成了一个协同工作的内存集群。

这种架构具有以下优势：

高可用性：由于内存资源被分布在多个节点上，因此即使某个节点出现故障或崩溃，其他节点仍然可以继续正常工作，从而保证了整个系统的稳定运行。

高可扩展性：可以适应不断增加的内存需求，当需要增加内存资源时，只增加新的节点即可，无须对现有系统进行大规模修改或重构。

高性能：由于内存资源分布在多个节点上，因此分散式内存池可以减少单点的性能瓶颈，提高整个系统的吞吐量。

高灵活性：它可以根据不同的计算和数据存储需求进行动态调整，实现资源的优化配置。例如，在需要处理大量数据的应用场景中，它可以通过增加内存节点来提高数据处理能力；而在对内存需求不高的场景中，它则可以通过减少内存节点来降低系统成本，更高效地利用集群范围内的所有内存资源。

另外，分散式内存池还具备如下一些关键特点：

节点自治：每个节点都管理自己的内存资源，可以自主决定如何分配和回收内存。

数据分布：数据分散存储在集群中的多个节点上，可以根据需要动态地在节点之间迁移数据。

网络互联：节点之间通过高速网络互联，如 Ethernet、InfiniBand 或其他专用网络技术。

一致性保证：分散式内存池需要实现机制来确保数据的一致性，特别是在分布式计算环境中。

可扩展性：分散式内存池可以轻松地扩展，只需添加更多的节点即可增加内存容量。

容错能力：由于内存资源分布在多个节点上，因此单点故障不会影响整个系统的运行。

以下是分散式内存池的一种实现。

在新的总线下，内存管理的趋势显著转向分散式内存架构，以实现更高效、更灵活的内存池化。相较于传统的集中式内存池，分散式内存池的设计理念在于充分利用每一个通用节点（包括 CPU、GPU、NPU 等）的潜在内存资源，将它们的内存贡献出来，形成一个庞大的、可动态调配的内存资源池，供整个系统内的所有节点共享。

这种分散式内存池的实现，要求每一个节点都具备高度的自主性和协作性。它们不仅要能够管理自身的内存资源，还要能够响应其他节点的内存请求，将本地空闲的内存资源提供给需要的节点使用。因此，需要由类似于 CXL 的总线提供能力，让每个节点都有能力将本地的内存贡献出来，供其他节点使用。

这种内存模型其实在传统的场景中一直存在。在一般的 Linux 设备驱动开发过程中，都需要申请一些节点的物理内存，供设备使用。设备需要通过对这些节点内存的读写来完成最终的功能。

以网卡为例，在网络设备（如网卡）的上下文中，申请和管理节点物理内存（或称为系统内存）是一种常见的任务。这是因为网络设备通常需要与系统内存中的缓冲区交互，以接收和发送数据包。网卡驱动通常需要为接收和发送操作分配内存缓冲区。这可以通过调用内核提供的内存分配函数来完成，如 kmalloc()、vmalloc()、devm_kzalloc() 等。申请到的这些内存，最终会经过 IOMMU（Input/Output Memory Management Unit，输入/输出内存管理单元）设备映射成为 IOVA，并被写入设备寄存器，供设备后续使用。

如果将网卡设备看作一个对等的节点，那么整个流程就是其中一个节点提供内存资源给另一个节点（网卡）使用，只不过后续的所有远端内存的使用流程全部使用 DMA（Direct Memory Access，直接内存访问）的方式进行。DMA 的内存模型，由 IOMMU 设备支持。

IOMMU 是一种硬件设备，它的作用是在计算机系统中管理和保护内存访问，尤其在涉及 DMA 操作时。IOMMU 通常集成在南桥芯片组中，它允许外围设备在不直接访问物理内存的情况下进行数据传输，这样做的好处如下。

内存保护：IOMMU 可以防止外围设备访问未分配给它们的内存区域，这样可以防止恶意设备或故障设备破坏系统的稳定性。

地址翻译：它提供了地址翻译的功能，允许外围设备使用自己的内存地址空间，IOMMU 可将这些地址翻译为系统的物理内存地址。

内存隔离：在多任务操作系统中，IOMMU 可以为每个任务提供隔离的内存空间，从而增强系统的安全性和稳定性。

简化驱动程序开发：因为 IOMMU 可以提供地址翻译和内存保护功能，所以设备驱动程序的编写更加简单。

在设计和使用支持 DMA 的外围设备时，IOMMU 是一个重要的组件，它有助于实现更安全、更高效的数据传输。随着技术的发展，特别是在虚拟化和安全性方面，IOMMU 的作用变得越来越重要。

为了支持远端内存的 Load/Store 语义操作，在传统的 IOMMU 设备基础上扩展了 IOMMU 设备的能力，IOMMU 设备不仅要承载来自设备的访存流量，还要接受来自其他 Host 节点的访存流量。叠加 Load/Store 的使用方式，即可达成内存池所需要的硬件能力，每个节点都有能力将本地的内存贡献出来，供其他节点通过 Load/Store 的方式来直接使用远端内存。

图 4-10 所示是一种硬件支持跨节点 Load/Store 的实现方式。内存提供方可以将本地操作系统管理的任意 DDR 或者 HBM 的内存提供给其他节点使用，当其他节点访问该远端内存时，访存流量经过 IOMMU 设备进行地址翻译。在内存的使用方预留物理地址空间，给动态加入的远端内存，同时增加硬件模块，将针对远端内存的物理地址的访存操作转换为 BUS 数据包，并发送到 BUS 链路上，最终达到直接使用 Load/Store 的方式访问远端内存的目的。

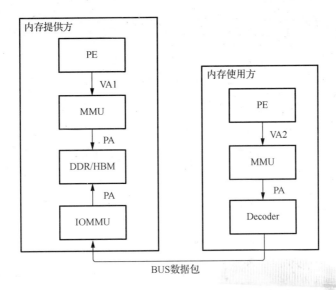

图 4-10　硬件支持跨节点 Load/Store 的语义操作

4.2.5　内存池化的软件实现

内存池的软件实现，依赖于硬件的基本能力。内存池化最终的目标是为应用程序提供支持 Load/Store 内存语义的虚拟地址，供应用程序后续使用。

在传统总线的时代，没有硬件支持的跨节点内存的 Load/Store 语义，但是依然有很多分布式共享内存（Distributed Shared Memory，DSM）的方案诞生，允许不同计算机上的多个进程共享内存数据。它们为程序员提供了一种单一的系统映像，使得多台计算机上的内存看起来像一个统一的内存空间。DSM 系统通过软件或硬件机制在不同计算机之间同步内存数据，确保所有进程看到一致的数据视图。

DSM 的关键特性如下：

● 透明性：程序员无须担心数据分布和同步问题，可以像在单一系统上一样编写程序。

● 一致性：DSM 系统确保所有进程都能看到相同的数据，即使这些数据被多个进程同时访问和修改。

- 可扩展性：DSM 系统可以扩展到大量计算机，支持大规模的并行计算。

- 容错性：DSM 系统通常包含容错机制，以处理节点故障。

在这个阶段，实现的 DSM 一般基于软件，通过操作系统或中间件来实现内存共享。这通常需要复杂的协议来管理数据的一致性和同步性。

如图 4-11 所示，当前所有的 DSM 实现均通过 Page Fault 的方式，进程实现了通过 Load/Store 内存语义使用全局共享内存。Page Fault 的自定义实现一般通过现有的 RDMA、网络等方式进行数据迁移，本质上是数据的共享，而不是内存的共享。

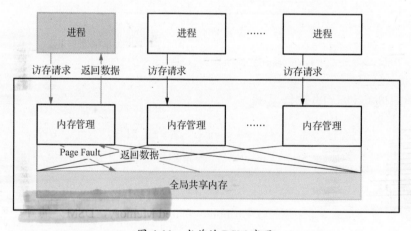

图 4-11　当前的 DSM 实现

这里给出利用前面章节中介绍的完全由硬件支持的跨节点 Load/Store 的方式完成的内存池化设计。

如图 4-12 所示，通过 OBMM（Ownership Based Memory Management）软件组件完成整体的内存池化功能。内存池化设计的主要模块功能如下：

OBMM：北向，向用户态提供基础的内存拆借接口，用户态程序可以通过 OBMM 库的接口完成内存拆借；南向，依赖 IOMMU 框架及 Decoder 驱动打通 Load/Store 的数据通路。

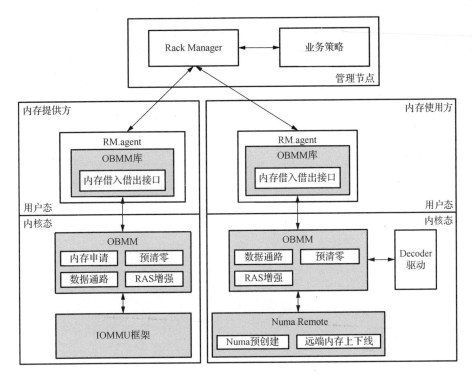

图 4-12　内存池化设计

IOMMU 框架：对来自内存使用方节点的访存操作进行地址翻译，以实现远端对本端内存的访问。

Decoder 驱动：在内存使用方，负责物理地址到 BUS 数据包的转换。

Numa Remote：在内存使用方，纳管远端物理内存并通过 Numa 节点将其呈现给内存使用方。

OBMM 库实现 Rack 级的内存拆借接口。所有的接口均为用户态接口，使用标准的设备文件接口承载。所有基础功能的入口都为"/dev/obmm"，所有后续的基础功能都通过"/dev/obmm"文件的 open、ioctl 等基础接口使用，包括本地内存和远端内存的借出与借入流程。

1. 本地内存借出

当发生内存拆借时，内存提供方需要先申请指定大小的物理内存，之后

IOMMU 框架会将零散的物理内存组织成连续的 IOVA，其他节点直接通过连续的 IOVA 地址访问提供方的内存。

如图 4-13 所示，所有的操作都通过 libobmm 的接口操作"/dev/obmm"接口文件，通过 ioctl 机制陷入内核态（对应图中的①—④），之后的操作流程如下：

⑤申请指定大小的零散物理内存。

⑦申请虚拟设备，用来承载申请的物理内存，外部的访存请求会以该虚拟设备的身份发送。

⑨通过 IOMMU 框架将零散的物理内存映射到连续的 IOVA。一方面，可以避免外部节点直接访问物理内存；另一方面，可以使外部访存使用连续的地址，有更强的易用性。

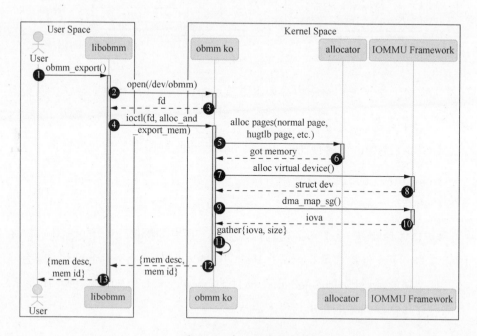

图 4-13   本地内存借出流程

2. 本地内存收回

当借出的内存不再由其他节点使用时，则将由本地节点收回。借出的内存被收回之后，本地内存就不能再被其他节点使用。如果其他节点继续使用，则会通过其他节点的 exception 阻止访问。

如图 4-14 所示，本地内存收回的操作同样通过 libobmm 的接口操作"/dev/obmm"接口文件，通过 ioctl 机制陷入内核态（对应图中的①—④），之后的操作流程如下：

⑤释放借出内存时创建的虚拟设备，在释放设备的同时，将关联的所有IOMMU 资源释放。

⑦释放借出内存时申请的物理内存。

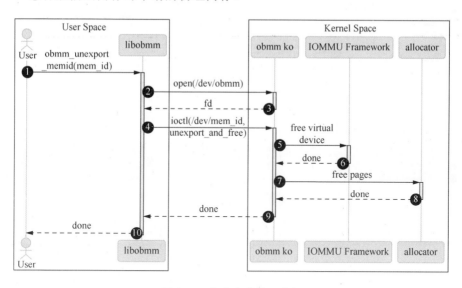

图 4-14　本地内存收回流程

3. 远端内存借入

在内存借入方，借入的远端内存段会由 Numa Remote 模块管理。顾名思义，Numa Remote 用来管理性能较差的非本地内存（支持 Load/Store），包括 CXL内存。

内存借入之后，有如下两种使用方式：

（1）通过 Numa 管理：此类内存由 Numa Remote 模块管理，会以一个 Numa 节点的形态呈现。

（2）不通过 Numa 管理：直接呈现为/dev/obmm_shmdev，进程直接通过 mmap 接口使用（共享场景居多）。

如图 4-15 所示，同样通过 libobmm 的接口操作"/dev/obmm"接口文件，通过 ioctl 机制陷入内核态（对应图中的①—④），之后的操作流程如下：

⑤根据内存借出方的节点 id 及相应的 IOVA 地址和内存大小配置 Decoder，让内存使用方可以通过指定的物理地址访问内存提供方的物理内存。

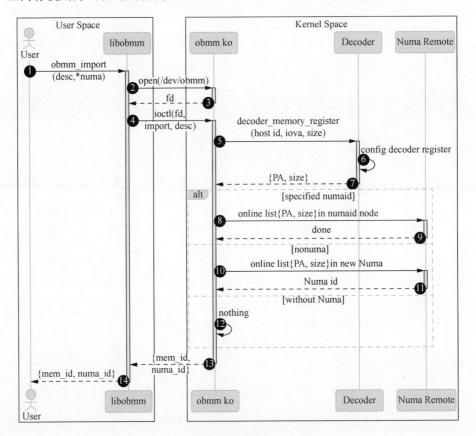

图 4-15　远端内存借入流程

⑧和⑩根据用户的选择，完成远端内存的上线。内存借入成功后，会返回一个 mem_id 给用户态，同时生成另一个代表远端内存的设备文件"/dev/obmm_shmdev{%mem_id}"，后续对该远端内存的直接使用可以通过这个设备文件的标准文件进行操作。

4. 本地归还远端内存

由于远端内存借入时每次都会产生一个 mem_id，因此在归还远端内存时，只支持指定 mem_id 一次全部归还。远端内存借入后，会有普通进程使用，因此在归还时，可能会有进程依然在使用需要归还的内存，故我们需要在内存归还时通过额外的操作确保进程不再使用。

如图 4-16 所示，与上面的流程类似，归还流程仍然通过 libobmm 的接口操作"/dev/obmm"接口文件，通过 ioctl 机制陷入内核态（对应图中的①—④），之后的操作流程如下：

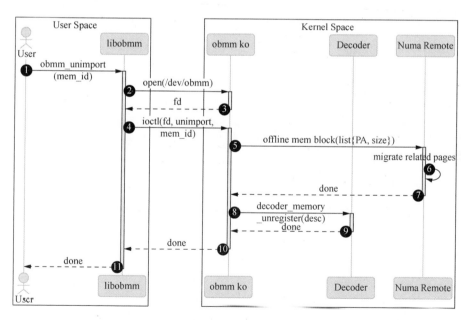

图 4-16　本地归还远端内存流程

⑤首先通过 mem_id 查询到对应的物理地址段，并尝试下线指定的物理地址段，在下线的过程中，如果页面依然被占用，会依据规则对页面进行迁移（对

应⑥），在迁移过程中，需要考虑页面的亲和性信息，尽量把页面迁移到亲和性信息中的 Numa 节点上。具体的亲和性信息决策策略如表 4-1 所示：

表 4-1　亲和性信息决策策略

迁移内存属性	策　　略	备　　注
hugetlbfs（大页）	Kernel 缺少亲和性关键信息。 虚拟化场景：所有的资源由虚拟机管理软件控制，在虚拟机管理软件要求下线内存时，需保证远端页已经完成迁移； 通用场景：添加默认的远端 Numa 策略（目标为全量本地 Numa，按照距离优先级依次选择 nid）	当前内核的 hugetlbfs 实现中，找不到进程亲和性信息。Kernel 社区有进行重构的讨论，但短期落地不现实
shared memory 页，文件页（4KB）	Kernel 缺少亲和性信息。添加默认的远端 Numa 策略（目标为全量本地 Numa，按照距离优先级依次选择 nid）	—
anon 页（4KB）	通过 rmap 反查到进程的 mempolicy	—

⑧配置 Decoder，将借入时的数据通路断开。

4.2.6　内存池化面临的挑战与未来发展方向

内存池化一方面可以改进当前的很多性能和利用率的问题，另一方面由于故障域的扩展，因此需要对可靠性进行增强。

以下是内存池化可能面临的可靠性问题及其潜在的解决方案：

（1）数据一致性问题：不同类型的内存可能有不同的访问速度和持久性保证，这可能会导致数据一致性问题。例如，当数据被写入速度较慢的内存设备时，系统崩溃可能导致数据丢失。

解决方案：使用内存一致性协议，如缓存一致性协议，来确保所有内存设备中的数据一致。

（2）设备故障问题：不同类型的内存设备可能有不同的故障模式和故障率。例如，DRAM 相比于 NVM 可能更容易受到电磁干扰。

解决方案：采用冗余设计（如 RAID 技术）来提高系统的容错能力。同时，定期进行内存健康检查和故障预测分析。

（3）性能波动问题：由于内存设备性能的不一致性，因此系统性能可能会出现波动，特别是在负载变化时。

解决方案：动态负载均衡和内存分级管理策略可以帮助我们优化性能，确保数据被放置在最适合其访问模式的内存设备上。

（4）写放大问题：某些内存设备，如 NVM，可能存在写放大问题，这会加速设备磨损。

解决方案：使用写优化算法和数据布局策略来减少写操作的数量和频率。

（5）兼容性和可扩展性问题：随着技术的发展，新的内存设备可能需要被集成到现有的内存池中，这要求系统具有良好的兼容性和可扩展性。

解决方案：设计时考虑兼容性和可扩展性，采用模块化和标准化的接口来支持未来的内存设备。

4.2.7　openEuler 当前实现

在当前的技术演进中，内存池化正在成为一个备受关注的创新方向。伴随着这一趋势，相关的设想和硬件环境正在孵化之中，旨在实现更加灵活和高效的内存资源管理。内存池化的核心技术主要涉及 Numa Remote 和 OBMM 等关键组件和模块，它们将显著提升多节点系统的整体性能和资源利用效率。

这些核心组件在 openEuler 社区将逐步开源。这一开源计划不仅有助于推动相关技术的广泛应用和生态建设，还将促进内存池化技术在企业级应用中的落地和实践。通过与开源社区的合作，内存池化技术将会迎来更广阔的发展空间，进一步推动计算架构的创新与变革。

如果要了解更多相关信息，感兴趣的读者可以在 openEuler 异构融合 SIG 中进行交流和讨论。

4.3　异构融合通信

随着新型互联总线的出现，计算节点之间的联系相比过去更加紧密，各类资源如网络、异构计算等通过池化的方式独立于计算节点存在，可以更加灵活地在计算节点之间进行分配、回收和迁移。同时，内存资源也以池化的形态存在，内存可以在计算节点之间提供借用及共享的能力。因此，未来，在异构融合系统中，硬件会逐渐朝着高速互联、灵活组合的方向演进。

基于上述硬件演进趋势，基础软件架构也会出现相应的变化。通过各类资源的池化、共享与灵活迁移，计算节点之间的边界也会被打破，原本任务运行于单个计算节点内，跨节点任务需要通过网络等方式进行互联通信及数据同步。另外，在 AI 场景中，通过集合通信进行数据交换，通信过程会旁路 CPU，故以 CPU 为中心的计算架构不再适用。

为了满足上述需求，openEuler 异构融合通信当前包括：

1）异构融合系统 IPC：重构了进程间通信（Inter-Process Communication，IPC）机制，从传统单机架构扩展为跨节点集群。

2）异构对等通信：提供以内存语义为核心的分布式通信软件栈，以及以 Load/Store 语义通信的对等通信模型，满足计算与通信语义融合的诉求。

4.3.1　异构融合系统 IPC

4.3.1.1　系统通信背景介绍

Linux 操作系统中的 IPC 机制是一套允许同一个操作系统内不同进程之间进行信息和数据交换的系统。其对于构建多任务和多用户环境至关重要，因为它们允许不同的应用程序和系统组件协同工作，应用可根据各自业务的需要选择适合的进程间通信机制。

UNIX 系统中的 IPC 机制负责解决多任务操作系统中进程间协作的问题。在 UNIX 系统中，IPC 机制包括管道（Pipe）、消息队列（Message Queue）、信号（Signal）、共享内存（Shared Memory）和套接字（Socket）等。Linux 作为 UNIX 的一个变种，继承了这些 IPC 机制，并根据其内核设计进行了优化和扩展。

Linux IPC 的实现细节和性能随着内核版本的更新而不断改进,但核心概念和设计哲学仍然保持了 UNIX 的传统。这些 IPC 机制为 Linux 操作系统提供了强大的进程间协作能力,是现代操作系统中不可或缺的一部分。作为操作系统中实现不同进程之间数据交换和协同工作的关键机制,Linux IPC 的主要用途如下:

(1)数据共享:多个进程可以通过共享内存区域来共享数据,这种方式允许进程之间直接访问同一块内存,从而实现高效的数据交换。

(2)同步和互斥:信号量(Semaphore)等同步机制用于控制对共享资源的访问,防止多个进程同时修改同一资源,从而避免数据竞争和不一致的问题。它们还可以使用信号通知其他进程某个事件已经发生,如终止进程、暂停进程等,实现进程间的简单同步。

(3)消息传递:消息队列允许进程发送和接收消息,这种方式是异步的,不要求发送和接收进程同时运行,适合于进程间松散耦合的通信。

(4)管道通信:管道是一种半双工通信方式,允许父子进程或兄弟进程通过一个缓冲区进行通信,适用于简单的数据流传输。

(5)网络通信:通过网络套接字可以实现不同主机上的进程间通信,支持TCP/IP,适用于复杂的网络应用。

(6)文件描述符传递:在 Linux 操作系统中,一切皆文件,进程可以通过传递文件描述符来共享文件、设备等资源。

(7)资源管理:IPC 机制也用于系统资源的管理,如内存分配、进程调度等,通过 IPC 机制,系统可以更有效地管理资源,提高系统的整体性能。

Linux IPC 的这些用途使得Linux操作系统能够支持复杂的多任务和多用户环境,为各种应用程序提供了强大的进程间协作能力。无论是桌面应用、服务器应用,还是嵌入式系统,Linux IPC 都是实现高效、稳定运行的基础。

下面对 Linux 下几种常见的 IPC 机制进行简单介绍：

1. 管道

管道是一种最基本的 IPC 机制，它允许一个进程将输出直接发送到另一个进程的输入中。管道可以是匿名管道，也可以是命名管道。匿名管道通常用于父子进程之间的通信，而命名管道可以用于不相关进程之间的通信。

2. 消息队列

消息队列提供了一种方式，允许进程发送和接收消息。这些消息被存储在队列中，直到被接收者读取。消息队列是持久的，即使发送进程已经退出，消息仍然可以被接收。

3. 信号

信号是一种简单的通信方式，用于通知进程发生了某些事件。信号可以由操作系统生成，也可以由另一个进程发送。信号主要用于进程控制，不用于数据交换。常见的信号包括 SIGINT（中断信号）、SIGTERM（终止信号）、SIGKILL（强制终止信号）、SIGSTOP（暂停信号）。

信号的使用方法是，通过 kill 发送信号，进程通过定义信号处理函数来捕获信号并选择进行处理或忽略。

4. 共享内存

共享内存是一种高效的 IPC 机制，它允许两个或多个进程共享一个给定的存储区。进程可以直接读写这块共享内存，从而实现数据的快速交换。

5. 套接字

套接字是一种网络通信机制，也可以用于同一系统上的进程间通信。它支持面向连接（如 TCP）和无连接（如 UDP）的通信方式。首先进程通过 Socket 语义建立连接与通信，然后底层通过内核的 Socket 层处理并进入 TCP/IP 栈，最终通过网卡（loopback 设备或其他网络设备）进行数据交换。

6. 信号量

信号量是一种用于控制对共享资源访问的同步机制。信号量可以用于实现进程间的互斥和同步，协调多个进程访问共享资源。在多进程或多线程环境下，其用于协调各个进程或线程之间访问共享资源的顺序；用于实现进程间的通信，例如通过信号量来实现"生产者-消费者"模型；用于实现进程间的互斥。

7. 文件锁

文件锁（File Locking）是一种特殊的 IPC 机制，它允许进程对文件系统中的文件进行锁定，以防止其他进程同时修改这些文件。文件锁可以是强制性的，也可以是咨询性的。Linux 文件锁分为两种类型：读锁和写锁。读锁允许多个进程同时读取文件，但不允许写入。写锁则禁止其他进程读取或写入文件。Linux 文件锁可以通过系统调用 fcntl()函数实现，该函数可以对文件描述符进行获取、设置和释放锁等操作。

Linux 下的 IPC 机制是操作系统中一种复杂但强大的功能，它使得多进程环境下的应用程序能够高效地协同工作。开发者可以根据具体的需求和场景，选择合适的 IPC 机制来实现进程间的数据交换和通信。

4.3.1.2　异构融合系统 IPC 方案

为了满足池化架构下进程的灵活部署与迁移，我们需要将 IPC 从传统单机架构扩展至跨节点集群，即在保证 IPC 机制接口兼容的基础上，提供跨节点通信的能力。

举例说明：进程 A 与 B 可能运行在通过新型总线互联的不同计算节点上，我们希望两个进程之间的系统通信接口保持不变，能够通过互联总线提供的底层通道为两个进程提供跨节点的通信通道。

（1）进程 A 运行于计算节点 1，进程 B 运行于计算节点 2；两个进程能够通过融合异构统一 IPC 机制进行通信，通信接口仍为原生系统通信接口，如FIFO、Socket 等，以保持应用的接口兼容性。

（2）进程 A 发生迁移，迁移至其他计算节点，迁移过程中进程的 IPC 通信状态会被保存，迁移后进程 A 仍可以通过原有通信链路与进程 B 进行通信。

（3）进程 B 与进程 A 之间的通信在迁移前后没有发生变化，进程 B 不感知进程 A 的迁移（调度）。

同时，我们还可以基于新型互联总线提供的跨节点内存共享能力，使用共享内存语义替换网络语义，消除跨节点通信过程中的数据序列化/反序列化开销，在保证应用兼容性的同时提升跨节点通信的性能。下面分别介绍基于新型互联总线硬件架构下的异构融合系统 IPC 池化方案及加速方案。

1.异构融合系统 IPC 池化方案

为了达成前面所述的异构融合系统 IPC 池化效果，需要针对现有 IPC 系统框架进行适配改造，由于不同 IPC 机制的具体实现方式有很大差异，因此需要针对各 IPC 系统进行专门的设计与定制。其基础实现架构如图 4-17 所示，即通信的元数据信息通过中心节点或控制节点全局共享，通信的数据通路通过全局互联总线打通。

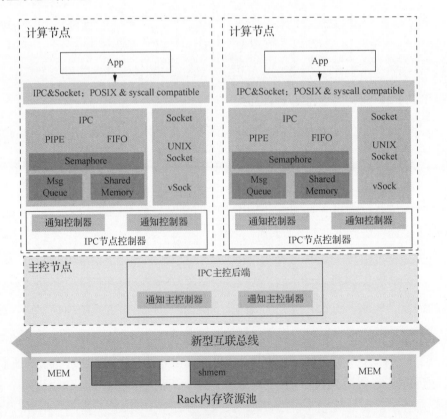

图 4-17　异构融合系统 IPC 池化架构

该实现架构的上层应用仍使用标准接口和 IPC 机制，操作系统层面对各种不同的 IPC 机制进行定制，以达到 IPC 跨主机通信和使用的目的。为了达到该效果需要依赖新型互联总线提供的内存池化共享能力，将该内存池作为 IPC 跨主机通信的底层通路。同时，还需要有一个主控节点，该主控节点可以收集并感知集群内所有的 IPC 资源信息，并提供跨节点通知和通信的主控制器，其他计算节点的通知与通信都需要通过主控节点进行申请；计算节点提供节点内的通知与通信控制器，用作 IPC 跨主机通信的底层机制。通过这种方式可以实现进程在不同节点上感知到该 IPC 资源并能够使用该资源进行跨主机进程间通信。

下面以 UDS（UNIX Domain Socket）和共享内存通信为例，介绍如何实现跨主机的融合通信效果。

1）UDS

UDS 的用法符合 Socket 规范，服务端需要通过 Socket 创建接口，经过 bind-listen-accept 流程监听特定 UDS 并等待连接；客户端同样需要使用 Socket 创建客户端套接字，并通过 connect 接口与对应服务端建立连接，后续双方通过 send/recv 或 write/read 接口进行通信。

在内核层面 UDS 实现了一种新的 proto_ops，并基于 TCP 和 UDP 提供了 unix_stream_ops 和 unix_dgram_ops，它们分别用来实现有连接和无连接的 UDS 通信。

我们可通过代理模式实现 UDS 的跨主机统一通信，如图 4-18 所示，bind 阶段需要将 Socket 注册到一个集群全局可见的列表中，connect 阶段基于该列表进行遍历；遍历成功后在客户端和服务端节点构建一个 Uds Proxy 代理进程，进行客户端与服务端的消息转发，Proxy 之间通过现有网络通信或新型互联总线提供的共享内存通信。

另一种实现途径类似 unix_stream_ops 和 stream_dgram_ops，实现一种全新的 unix_proto_ops，其中 ops 实现中 bind 与 connect 阶段都需要对一个集群全局可见的列表进行注册和遍历，建立连接和通信阶段都需要依赖异构融合系统中新型互联总线提供的通知及通信机制，自定义实现 connect/accept/sendmsg/recvmsg 操作函数在节点间的 UNIX Socket 之间进行消息通知与通信。相比于上述代程模式，此实现方式中消息通信与通知不需要经过多次转发，性能会有一定的提升。

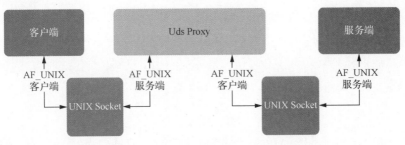

图 4-18   代理模式流程图

2）共享内存

共享内存的常见用法是，先通过 shmget() 函数获取共享内存，函数调用成功后返回一个新建或已经存在的共享内存标识符；然后通过 shmat() 函数把共享内存关联到某个虚拟内存地址上，shmat() 函数会返回一个可用的虚拟内存地址，后续应用就可以基于该内存地址与 Attach 相同共享内存的进程进行通信。

如果要实现异构融合系统统一的共享内存，通信需要对上述共享内存接口进行修改，同样需要满足前述两个条件：一是要将共享内存的元数据信息设置为全局共享，这样可以在不同节点上看到相同的共享内存 shmid 列表；二是要基于新型互联总线提供的内存池化共享，提供不同节点访问相同物理内存的能力，跨节点进程所使用的共享内存来自超节点集群构造的统一共享内存池。

要达到跨节点共享内存的能力，需要修改 shmget() 函数：一是从全局共享内存池中申请物理内存用于共享内存通信，二是需要通过 ipc_addid 操作将该 shmid 列表注册到一个新增的跨节点全局 shmid 列表中。shmat() 函数从该全局列表中找到 Shm 数据后，就可以映射该全局池化共享内存池中的特定物理内存。

上述方案可以建立跨节点共享内存的通信通道，在内存使用过程中可能还需要考虑数据一致性问题，要根据内存池化共享的硬件能力（是否支持跨节点缓存一致性）来决定是否需要软件来保证数据的一致性。

2.异构融合系统 IPC 加速方案

对于异构融合系统统一 IPC 通信机制来说，除前面介绍的跨节点融合通信外，还可以进行网络性能加速。传统数据中心的跨节点应用互联需要通过网络进行通信，而 TCP/IP 网络需要经过多次内存拷贝，TCP 栈处理及消息传输过程中的数据序列化和反序列化操作也会消耗较多的 CPU 资源，也因此会引入极大的通信时延开销。而基于新型的互联总线协议可以提供更加高效的通信方式，用来替换原有的 TCP/IP，同时通过 Socket 层可以保证应用的兼容性，应用无须感知底层通信机制的变化。

图 4-19 所示为异构融合节点 TCP 网络加速全景图。

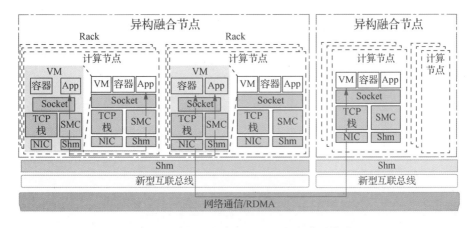

图 4-19 异构融合节点 TCP 网络加速全景图

在传统数据中心的虚拟化及容器场景中，通信大致可分为以下几种范围：一是单主机内的业务通信（通过 loopback 网络或内部交换）；二是在异构融合节点内跨节点的业务通信；三是跨异构融合节点之间的通信。三种范围对应不同的高效互联方式，都可以通过统一的方式对网络的性能进行优化。

下面以 TCP/IP 为例来介绍如何对这种高性能的网络性能进行优化，可以参考当前内核主线中的 SMC 协议。如图 4-20 所示，AF_SMC 是一种与 AF_INET 类似的新型的网络协议族，位于 Socket 层之下。应用层仍然基于 Socket 接口进行编程，保证应用接口的兼容性。SMC 数据交互的首包还是通过 TCP/IP 进行握手。握手过程中双方协商进行高性能网络通信通道的建立，数据通道建立完成后，后续的数据通信即可通过 SMC 高性能通道进行。SMC 的底层基于共享内存或其他高性能网络（如 RMDA 等）进行通信。基于上述三种通信范围进行分析，计算节点内的通信可以通过单机共享内存进行，异构融合节点内计算节点间的通信可以通过新型互联总线提供的跨节点共享内存进行，异构融合节点之间无法通过共享内存进行通信，需要将 SMC 的底层切换为现有的 RMDA 等高性能网络。另外，完成网络通信还需要依赖新型互联总线提供的通知机制，实现数据到达后的跨节点消息通知。

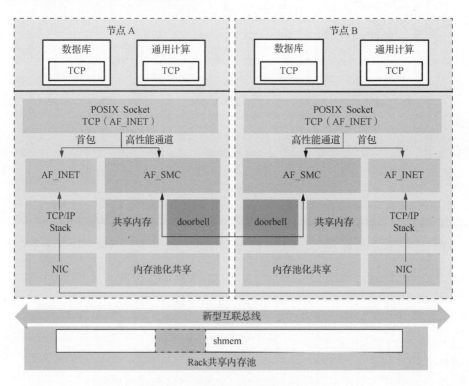

图 4-20　TCP 高性能网络优化方案

　　图 4-21 展示了传统 TCP/IP 网络数据传输通路，可以看到，在传统的 TCP/IP 网络通信中数据需要经过多次内存拷贝：首先需要将数据从用户态 Buffer 拷贝到内核态，然后将内核 Socket 中的数据通过 DMA 拷贝到网卡，数据包通过网卡发送到对端后，又需要经过同样的路径将数据拷贝到接收端进程 Buffer。这

期间也需要对数据进行 TCP/IP 处理及各种序列化和反序列化操作,需要消耗大量的 CPU 资源。

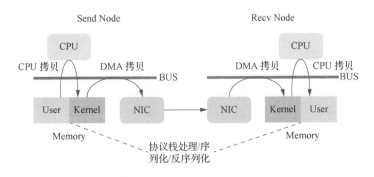

图 4-21 传统 TCP/IP 网络数据传输通路

而使用新型互联总线的高性能通信就可以尽量消除这种内存拷贝。如图 4-22 所示,数据从用户态 Buffer 可以直接被拷贝到双方协商建立的共享内存,接收端也可以直接从该共享内存中获得数据,消除多次内存拷贝开销。另外,高性能通信还可以减少 TCP/IP 处理及多种序列化和反序列化开销,极大地节省了 CPU 资源。因此,对比现有 TCP 网络,这种基于新型互联总线的通信方式可以带来时延和吞吐量上的优化提升,降低 CPU 资源消耗。

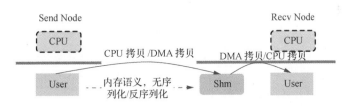

图 4-22 高性能网络数据传输通路

本章所介绍的网络性能优化的一个使用场景是云原生服务网格(Service Mesh)。如图 4-23 所示,服务网格中新增了网络代理,它以 Sidecar 的形式运行在容器中,用于容器内网络流量的监控和转发。所有进出容器的网络数据包都需要经过该 Sidecar 进行代理。

从图 4-24 中可以看到,数据包从业务容器到 Sidecar 进程之间的转发需要经过多次进出 TCP/IP 栈,涉及多次上下文的切换、数据包拷贝,以及 TCP/IP

栈处理，所造成的资源消耗极大影响了容器网络性能。

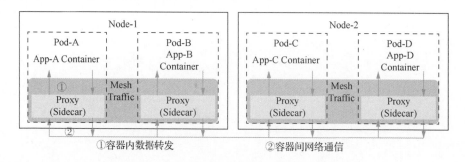

图 4-23　服务网格网络数据转发路径

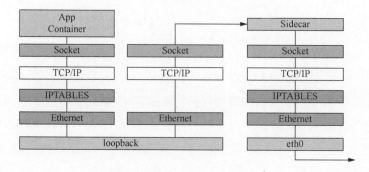

图 4-24　TCP 服务网格数据通路

经过高性能网络通信优化以后的流程如图 4-25 所示。高性能方案中会绕过多次 TCP/IP 栈处理，极大提升了业务容器 Sidecar 之间数据转发的性能，降低了 CPU 资源消耗。

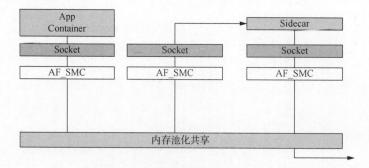

图 4-25　高性能网络下服务网格数据通路

4.3.2　异构对等通信

4.3.2.1　异构对等通信的背景与意义

当前，计算系统在存储器、I/O 外设和网络（例如，光纤通道、以太网或 InfiniBand）的互联之间做出了明显的区分。传统中，这三层互联是基于完全不同的假设和性能规模权衡而设计的，因此它们演变成为不同的标准。在 AI 浪潮来袭之前，各个领域的加速卡和功能卡大多数都遵从 PCIe 的规范与 CPU 互联，PCIe 不仅提供一套基础的完整控制硬件的机制，还提供 DMA 能力。DMA 能力是指硬件在不消耗 CPU 的前提下，将主机内存提供给硬件读取或写入的能力。在网络通信时，应用发送的数据经过协议栈封装成报文，并被写入可 DMA 访问的主机内存，驱动网卡通过 DMA 方式发送报文；同理，网卡将收到的报文写入可 DMA 访问的主机内存，然后通知 CPU 进行协议栈处理并将数据呈现给应用。在 PCIe 的主从架构下，通常以 CPU 为中心来控制各个领域中加速卡和功能卡间的 DMA 通信。

在 AI 场景中，GPU/NPU 承担 AI 计算的核心任务，过程中通过集合通信进行数据交换，通信过程会旁路 CPU，因此，以 CPU 为中心的计算架构不再适用，数据面演进为以点对点的对等协同方式来完成计算任务，CPU 则承载了管控面任务下发的角色，负责下发编排与通信融合的计算任务。现有 PCIe 主从模式并不适用于对等通信模型，它会导致同一时间内仅能进行两个设备的传输。英伟达借势推出 NVLINK 与 NVSwitch 产品，通过 NVLINK 与 NVSwitch 可以将 GPU 卡间进行直连，为 GPU 卡间的数据交换构建新平面，从而采用对等通信模型的方式进行通信，以加速数据传输速度。GPU 卡间直连后，时延短且可控，同时可以通过使能 Load/Store 的方式访问直连对卡 HBM，这给编程人员带来了极大的便捷性。数据从搬迁后被访问变成直接被访问，不仅提升了性能，还节省了资源，将计算与通信的语义深度融合在一起。

对等通信机制与 Load/Store 方式当前面临诸多挑战。首先，需要它们支持很多复杂的异构场景，包括 CPU 访问远端或本地 GPU 的 HBM、GPU 访问远端或本地 CPU 的 DDR、GPU 访问远端或本地 GPU 的 HBM 等。另外，在数据中心建设过程中，CPU 与 GPU 存在不同厂家产品的异构和同一厂家产品不同代际的异构，这些异构差异都会导致复杂的通信问题。同时，Load/Store 的访问模式在距离远、时延长的场景下，将导致 CPU 流水线长时间阻塞，运行效率低下。面对这些问题，需要一套通用的框架对应用进行屏蔽，应用只需要通过一致的操作接口进行编程即可，这些复杂的问题通过框架选择最优的方案来解决。

目前，POSIX Socket 编程已使用多年，在 TCP 可靠传输的场景下，应用需要显示调用 connect 来创建链接，再将数据从该链接发送出去，其过程中隐含了几个逻辑：①TCP 是可靠的流模式语义，所有数据必须严格地被保序发送与接收；②网络采用 ECMP（Equal Cost Multi Path，等价多路径）技术，根据报文头的五元组进行选路，一条流只会走单一网络路径；③流模式的所有消息被合并成串流，接收端无法区分边界。然而，应用在执行计算时，Load/Store 的每条指令都是独立的，并不关心以何种方式访问内存，不同的访存地址不存在保序要求，两者间的技术存在较大差异。因此，当计算与通信语义融合时，需要重新设计全新的通信机制，使其满足高性能计算场景的诉求，核心技术可抽象为：①感知命令的边界，以消息取代流模式；②不同消息之间具备乱序发送与接收的能力；③关心结果的可靠性，但是不需要指定命令与数据是如何传输到对端的。这些第一性原理引导了异构对等通信框架的本质设计，后续章节将对框架的设计理念进行阐述。

4.3.2.2　异构对等通信原理

为了满足计算与通信语义融合的诉求，openEuler 实现了一套用于异构对等通信的协议栈——UMDK（Unified Memory Development Kit）。它是以内存语义为核心的分布式通信软件栈，可以运行在 CPU、DPU 或 NPU 上。北向面向应用使能跨节点/跨设备的对等访问并且兼容 Socket 等传统接口，对等通信的两端分别是 Initiator 侧和 Target 侧。南向可以对接或兼容 IP、IB 等多种硬件生态。

图 4-26 是 UMDK 协议栈架构图:

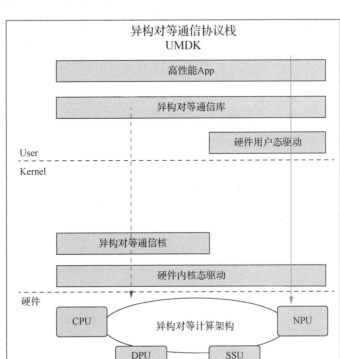

图 4-26　UMDK 架构

UMDK 协议栈架构的关键部件如下:

(1) 硬件(异构算力设备):采用异构对等的计算体系架构,CPU、NPU 等不同的异构算力设备均可直接互通。

(2) 硬件内核态驱动:由硬件供应商提供的设备驱动,可分别在用户态和内核态接入异构对等通信协议栈。

(3) 异构对等通信库和异构对等通信核:异构对等通信核运行在内核态,异构对等通信库运行在用户态。通信的管理面由异构对等通信核负责,包括资源的申请和回收,确保应用进程异常退出时的资源清理。通信的数据面由异构对等通信核与异构对等通信库协同完成,数据面无须像 TCP/IP 那样经过内核厚重的软件协议栈，可直通到用户态进程，满足大量应用的高性能需求。同时，异构对等通信库提供多路径和乱序的编程能力，通过自动、灵活地选择不同语义来获得最佳性能。异构对等通信具有如下核心功能：

- 支持共享内存通信Load/Store语义（处理器直接访问远端内存）。

- 支持异步DMA语义（远端和本地内存之间的数据拷贝）/双边消息语义（远端和本地内存之间的消息传递）。

- 支持设备级远端过程调用（Remote Procedure Call，RPC）。

下面详细介绍异构对等通信核心功能的实现原理。

1. 共享内存通信 Load/Store 语义原理

从第一性原理来看，计算的本质是对数据的操作与交互，而数据是存储在内存中的，因此各种各样的高性能应用最终可映射成对内存的访问，那么最高效的方式就是直接操作对方的内存，而使用 Load/Store 语义可以让应用以透明的方式使用对方的内存。新型的互联总线可以将分布式内存区域统一为一个虚拟内存空间，并为应用程序提供一个共享虚拟内存（Shared Virtual Memory，SVM）抽象，通过降低数据分区和动态负载分配的复杂性来增强可编程性。共享内存通信 Load/Store 语义的实现原理如下：

（1）基础 Load/Store 能力：将 Target 侧的设备内存抽象为 Segment 对象，用来表示一段连续的内存及对应的访问安全凭证。在 Initiator 侧导入 Target Segment 对象，将其映射到本地虚拟地址空间，并通过 IOMMU 转换为高速互联总线上的地址，从而可以通过 CPU 的 Load/Store 指令直接访问。

（2）共享内存统一编址能力：当在不同异构设备之间通信时，往往需要通过在共享内存中存放数据指针引用来避免拷贝，因此需要支持内存远程指针的 Pointer Chasing 来提升数据访问效率。其方法是将不同异构设备的共享内存统一编址，实现分布共享内存地址空间的归一化。

（3）自适应能力：Load/Store 语义在小规模拓扑下具备低时延优势，但是规模变大后在时延和可靠性等方面面临挑战：一方面时延增加后 CPU 指令执行慢，会阻塞 CPU 执行其他任务；另一方面，网络丢包等可靠性问题会使得 CPU 指令异常，故障扩散到整个设备甚至多个设备。要想解决这些问题，需要通过异步的 DMA 语义来避免阻塞和故障的扩散。为了屏蔽短距和长距差异，共享内存通信也支持长短距统一的内存通信编程抽象，自适应地选择使用 Load/Store 或 DMA 语义，简化应用编程。

2. 异步 DMA 语义/双边消息语义原理

在异构对等通信的场景中，一次内存访问任务包含操作码 opcode 和待操作的源或目的内存地址等信息，支持异步 DMA 语义、Atomic 语义和双边消息语义。该内存访问任务通过高性能 I/O 队列完成，应用可在用户态数据面通过直接操作这些队列实现高性能，例如 Sending Queue（SQ）、Receiving Queue（RQ）和 Completion Queue（CQ），从而完成两个异构算力设备之间的通信。

（1）SQ：待执行事务的 FIFO 队列，SQ 中每个 Element 对应一个任务，代表一次有地址边界的内存操作，这些任务可打破保序约束，通过乱序方式在网络多路径上并行传输，从而大幅减少应用事务操作的完成时间。

（2）RQ：待接收 Buffer 的 FIFO 队列，用于存放发送或接收消息的事件。

（3）CQ：完成事件的 FIFO 队列，用于存放事务执行结果或接收到消息时的事件信息，应用可以使用中断 Wait 方式或者 Busy Polling 方式查看事件。

高性能 I/O 队列向应用提供了高可靠的内存访问操作和消息收发服务，结合应用计算的访存特征，通过乱序和多路径并行传输来减少任务完成时间，提高网络带宽利用率。因此，应用不用关心底层具体路径和传输细节，只要提交任务即可获得高可靠的内存操作。具体如下：

（1）支持乱序：任务执行支持乱序，这意味着，在正常情况下任何两个任务操作不管它们的编程顺序如何都可以乱序执行。因此，如果需要强保序，则应该显式添加内存屏障。应用程序可以通过在每个任务操作描述中设置保序标记来进一步控制排序，从而以乱序方式执行，也可以利用多个网络路径来提高吞吐量，显著提升整体执行效率。其原理如下：

① 如果未加"保序标记"，则任务执行的顺序是任意的。

② 对于一个有"保序标记"的任务，该任务必须在所有其前面的任务执行完成之后再执行，而对于其后面的任务，则没有约束。

③ 对于无依赖的任务和任务内的不同分片或报文，可以使用多路径并行传输，从而使能底层多路径传输，充分发挥拓扑网络的潜力。

（2）多路径传输：在异构对等通信库中，应用不需要显式调用 connect 来管理连接，只需要提交任务操作即可。异构对等通信库管理面通过自动完成相关传输信息的交换来建立多条连接，并对应用透明，同时数据面可将任务自动负载均衡地分发到网络多路径的传输连接上，甚至每个任务的不同数据分片也可以使用多路径传输，从而获得高可靠性和高性能。

3. 设备级 RPC 语义原理

在异构对等通信中，Load/Store 或 DMA 语义是基础能力，由于不同的异构算力设备通常有其复杂的功能，Load/Store 和 DMA 机制不能满足它们的功能诉求，例如，NPU 在 AI 计算过程中可能需要直接访问持久化存储设备，或者不同存储设备之间协同完成复杂的数据读写任务。这类复杂的高阶功能需要提供一种描述与调用的 RPC 能力，可看作异构对等设备点到点互访的基础。具体如下：

（1）通信高性能：RPC 通信传递参数时支持极简序列化加速，通过数据地址引用传递提升数据迁移性能。

（2）分布式协同：RPC 语义可支持多方分布式协同完成一个函数调用，以提高调用服务的性能和可靠性。

（3）异构算力调用：定义统一简单的算力调用抽象，支持 CPU、DPU 和 NPU 等异构算力相互调用，减少多类型硬件适配所产生的开发工作量，提升维护效率。

4.3.3　openEuler 当前实现

异构对等通信的异步 DMA 语义/双边消息语义功能已经在
openEuler 社区开源，如想了解更多实现细节可参考代码仓。异
构融合系统 IPC 和异构对等通信的其他功能正在孵化中，如
果想了解更多相关信息，感兴趣的读者可以在 openEuler 异构
融合 SIG 中进行交流和讨论。

代码仓链接

4.4　异构融合虚拟化

4.4.1　为什么需要虚拟化

近年来，伴随着 ChatGPT、Llama 等大模型的发布，业界在 AI 大模型方面
基本已将"从 0 到 1"的模型初创阶段走完，初步实现了基于高质量的模型来
搭建各种智能服务，展现了令人惊叹的效果。这些服务的涌现，虽然让人看到
了人工智能时代到来的曙光，但在技术成熟度和应用效果方面仍然有很长的路
要走。2024 年 3 月 26 日，红杉合作人在 AI 峰会上的分析中提到，AI 应用公
司一年花了 500 亿美元在 GPU 上，但实际营收只有 30 亿美元，这意味着投入
远超产出。所以仍然有一些非常现实的问题需要解决，例如最关键的服务成本
问题。

举个例子，假设我们在使用通过 128 张加速卡承载的 AI 服务（通常这会
是一个数千亿参数规模的模型），而每次服务请求耗时 10 秒（如一些智能问答），
那么一次问答服务的成本大约是多少呢？目前，云上租赁一张中等档位 GPU
的价格大约为 3 美元/小时。那么，一次问答服务请求的成本，即使用 128 张加
速卡 10 秒的成本，就约为 $3 \times 128 \times 10/3600 = 1.07$（美元）。假如每天做 20 次
问答，每个月的成本就可能高达 $30 \times 20 \times 3.2 = 642$（美元）。这对于日常使用
智能服务的用户来讲，成本明显过于高昂了。尤其考虑到除问答之外，可能还
需要其他智能服务，那样成本还会继续上升。在理想的情况下，这个成本应该
显著降低，才能为大规模获益和人工智能真正普及形成基础。

从降低成本这个目标来看，使用参数较小的模型就成了一个非常实际的选择。在 HuggingFace 社区的各类模型榜单上，多数都是几十亿参数的模型，如 Stable-Diffusion、Llama 系等，这基本反映了用户从实际出发的投票结果——那些超大模型的性能固然突出，但持续使用的话，还是小一些的模型更有性价比。我们在与一些内外业务方的交流中，也发现他们有很多类似的观点。

使用较小的模型给利用虚拟化技术降低成本提供了参考。通常，无论是预训练、微调，还是推理，单个模型任务均无法充分使用加速器上的所有资源（包括矩阵、向量、通信单元等）。据统计，业界的训练业务，其 FLOPS（Floating Point Operations Per Second）利用率最高不超过 60%，而占比可高达九成的推理业务，其利用率则通常不超过 20%。虽然在单个模型层面的优化工作可以在预想的范围内提高单个模型任务的利用率，但不可否认，通过虚拟化技术在同一个（同一集合上的）设备进行多任务混合部署，使各任务间互补使用对方空闲下来的资源，无疑是一个提升利用率、降低成本的好办法。

下面将进一步介绍异构设备的一些资源管理细节，如解释单任务对设备资源使用不充分的原因、多任务对此又会发挥怎样的作用，还将进一步结合技术案例对技术挑战、指标收益、对业务的潜在影响等要素进行综合说明。

4.4.2　单任务对设备资源使用不充分的原因

通常来讲，单个异构设备（如 GPU/NPU）内部会存在多种资源单元，如擅长矩阵计算的矩阵单元（如 Tensor Core）、擅长向量计算的向量单元（如 CUDA Core）及通信单元等。而每个任务也会由相关的矩阵、向量、通信等算子组成，当一个任务中的矩阵、向量、通信等算子需要被处理时，设备上的相关单元就会被激活。如果设备上有多个不同种类的算子要处理，那么设备上的不同类型单元就可以被同时激活。当一个设备上的所有单元均被激活时，就可称此设备被"充分使用"。一般而言，人们希望让场景中涉及的所有设备都尽量被"充分使用"。

那么，为何单任务很难充分使用设备资源呢？在当前技术实践下，每个任务通常会被转换成一个串行算子流，而流中的算子会一个接一个执行。如图 4-27

所示，在这种情况下，当流执行到矩阵算子时，向量单元和通信单元就会被空置，而当执行向量算子或通信算子时，其他单元就会被空置。虽然有些融合算子方面的工作，在探索让一个算子同时使用矩阵单元和向量单元，或者同时使用计算单元和通信单元，但这类工作技术门槛相对较高，且仅能在模型逻辑符合特定要求的业务中使用。综上，就目前来看，单个任务通常是无法充分使用设备上的所有资源的，即便这个任务本身拥有稳定的高流量请求，也会由于串行流同时只能使用一种单元，而在设备上形成资源空隙。

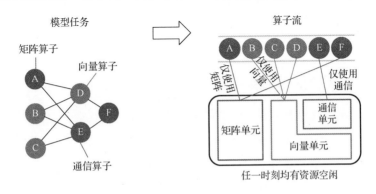

图 4-27 单模型任务无法充分使用设备资源的情况

另外，如图 4-28 所示，很多在线推理任务（如在线智能问答）会存在请求潮汐的情况，即繁忙时流量较高，资源使用相对充分，而空闲时则不使用任何资源，造成资源的显著浪费。这也是单个任务无法充分使用设备资源的又一个原因。

图 4-28 单任务因密度潮汐而导致的设备使用不充分

从以上出发点看，多任务是一种很好的"充分使用资源，降低业务成本"的方式。例如，如图 4-29 所示，当一个任务在使用矩阵算力时，其他任务则有机会使用向量算力或者通信等其他资源；或者当一个任务缺乏请求而空置设备时，可以让其他请求流量高的任务来使用此设备。

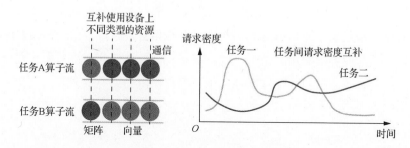

图 4-29 多任务对设备资源的充分使用

4.4.3 业界现有的多任务部署方式

业界在同一设备上部署多任务的方式通常分为两种：时分复用和空分复用。时分复用是指将整个设备（或者部分设备）在多个任务之间做时间片切换。虽然就长时段而言，整个设备确实是在多任务之间共享，但同一时刻，设备还是只在执行一个任务，那么上面提到的"单个任务转换成串行流，同时只能使用设备上的一种资源，继而导致浪费"的情况，就依然会出现，如图 4-30 所示。

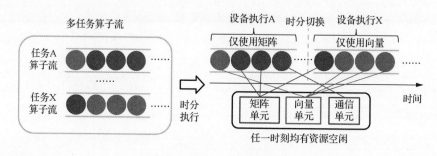

图 4-30 传统多任务时分复用

而传统空分则是将一个设备切分为容量固定的几个子设备，并且在每个子设备上都运行一个任务。这种情况同样无法解决上述提到的问题：一是子设备上的任务在缺乏请求时，子设备依然会存在空闲浪费；二是子设备上运行的任务依然是一条单串行流，只能同时使用子设备上的一种资源，如图 4-31所示。

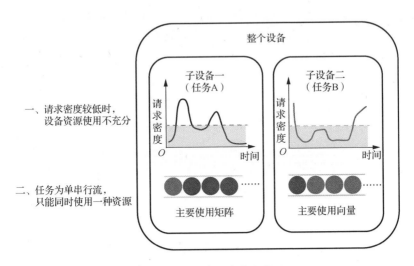

图 4-31　传统多任务空分复用

　　综上，虽然业界围绕多任务部署提供了时分/空分机制，但这些机制依然会留下显著的设备浪费，较难进一步降低人工智能的使用成本。

4.4.4　异构融合虚拟化下的多任务部署方式

　　理想情况下的多任务混合部署，应能够避免上述传统时分复用和空分复用无法避免的浪费现象。这需要新的混合部署机制能做到：①当一个任务请求流量较低时，允许其他任务使用空闲资源；②当一个任务使用设备上的一种资源时，允许其他任务使用其他种类的资源。从技术上看，这需要将资源以很细的颗粒度在不同任务之间灵活分配，如图 4-32 所示。

　　相比于上面提到的纯时分复用或空分复用，这种弹性灵活的方式能够进一步避免浪费，允许相同规模的基础设施支撑更多的业务流量。通常而言，业务流量的动态性越高（如潮汐起伏大）、业务过程中算子间的负载差别越大（如矩阵、向量、通信交错），静态空分/时分所导致的浪费就越大，融合虚拟化带来的额外收益相对就越高。例如，在循环做固定 batch 推理的某离线推理业务中，融合虚拟化相比于静态空分就有 2.2 倍的业务性能提升。

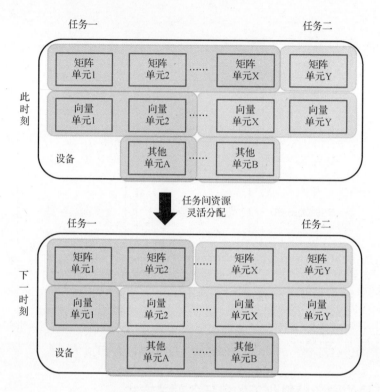

图 4-32　资源在任务间实现灵活分配

　　想获得这样的收益，需要突破比较大的技术挑战。在任务间以细颗粒度灵活分配资源时，需要对每个细颗粒度资源进行灵活管理，这类似传统操作系统对 CPU 的管理，即支持每个计算核在不同任务间灵活切换。更进一步，不仅是计算核，像通信单元、公共带宽这样的资源，也要能以灵活受控的方式在不同任务间共享。这仅凭当前的技术栈是很难实现的。例如，如图 4-33 所示，当前对于加速器的使用，大致基于对算子流的编程，通过流之间和流内部算子之间的依赖关系来间接控制对设备资源的使用。这种方式有两方面的限制：①针对算子流的编程，一般需要使用 CUDA 等框架，而这种方式通常只能在一个进程空间使用，对于多任务/多进程的情况，应对起来会比较吃力；②设备内部会以不可观测且对上不可控的方式来使用设备资源执行算子。这两点会大幅影响整个系统对全局资源的管理能力。

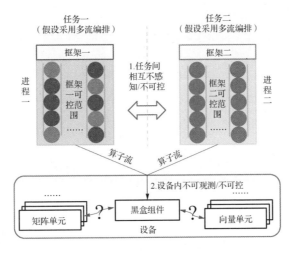

图 4-33　当前技术栈在灵活控制系统资源方面的两个限制

　　针对此情况，如图 4-34 所示，融合虚拟化构建了两个关键技术组件：一个是 Host 运行时，用来解决框架无法在多个任务间协调的问题；另一个是设备内的软件可定义组件，用以控制设备内的每个单元，并帮助 Host 管理全局设备资源。有了这两个组件的帮助，Host 就可以与管理 CPU 一样，灵活管理全局的异构计算任务和设备资源了。

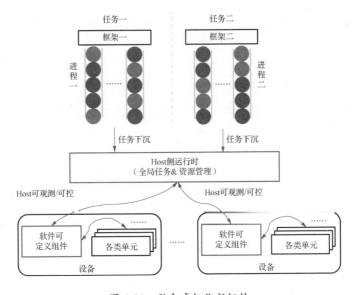

图 4-34　融合虚拟化新组件

图 4-34 中的两个组件设计体现了对未来技术栈形态的两个重要探索：①任务运行时的重心从框架层下沉到操作系统层，从局部单任务到全局多任务；②在设备中增加由 Host 定义的软件组件，增加资源管理的灵活性，从纯硬件的黑盒方案到软硬件结合的可控可观测方案。在部分试点场景中，笔者已见证了这种新技术形态带来的业务收益，并会在后续章节详细介绍。

与图 4-34 中的组件形态伴随的是两种相关部署形态：一虚多和多虚多。一虚多是指将一个物理设备呈现为多个虚拟设备，虚拟设备之间相互独立，且与其他物理设备呈现出的虚拟设备没有任何关系。这种部署形态通常用于小容量模型任务场景，如轻量图像处理、自然语言处理和一些端侧场景等。多虚多是指将一组（多个）物理设备呈现为多组（更多个）虚拟设备，每组的虚拟设备相互关联，以分布式并行的方式（如张量并行或流水线并行）服务于同一个任务。这种部署形态常用于大容量模型，如百亿/千亿级别的语言模型，或者由于服务时延要求需要用多个设备为一个任务进行加速的场景。两者的具体区别如图 4-35 所示，多虚多可以通过多个逻辑设备（如逻辑设备 1-A 与 K-A、1-X 与 K-Y）进行并行加速，从而满足大容量、高要求的任务诉求。

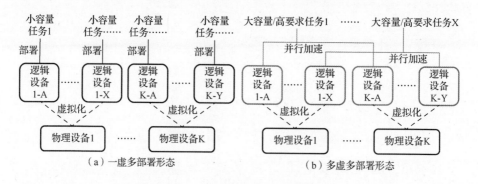

图 4-35   一虚多和多虚多部署形态

4.4.5   异构融合虚拟化业务收益案例

下面用若干实例来说明虚拟化在业务中带来的收益。第一个例子为一虚多，如使用单卡支撑多个小容量模型推理。当前，不少业务会使用如 StableDiffusion、Llama-7B 之类的小容量模型来支撑线上对话、文生图、图片处理等服务。这些模型的容量从几兆字节到几吉字节不等，计算量也较小，可以使用单卡承载。

在没有融合虚拟化之前，这类业务的部署方式通常分为两种：①使用静态空分（如英伟达 Multi-Instance GPU）将一个设备分为几个资源容量固定的子（虚拟）设备，每个子设备上承载一路模型及其上的任务流量；②使用裸进程部署，让设备内部的硬件组件全权接管任务间的资源管理。

如图 4-36 所示，两种部署方式均有明显的缺点：①静态空分部署中，子设备通常会拥有固定资源容量的各种单元，而单个任务由于潮汐密度请求或者任务逻辑的原因，通常无法充分使用子设备上的资源；②裸进程部署中，任务对资源的使用会由设备内的黑盒组件管理，而这些组件通常对于任务对服务质量的要求缺乏表达和灵活控制方面的支持，于是经常出现因任务间资源无须争抢而造成请求时延抖动等现象，这会造成用户端到端体验的下降。

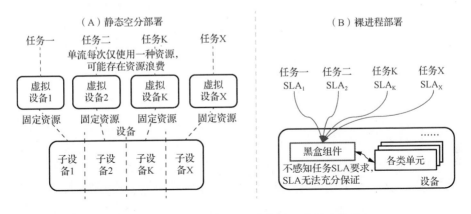

图 4-36　当前小容量模型任务部署方式及其弊端

与之相比，如图 4-37 所示，结合设备内的软件可以定义组件和 Host 侧运行时，异构融合虚拟化可提供以下功能：

（1）Host 侧运行时：此模块会提供任务管理接口，允许任务表达其对服务质量的要求（如单次推理时延小于多少毫秒）；Host 侧运行时内部会利用任务管理模块和物理/虚拟设备管理模块，结合任务的资源需求管理每个设备内部的资源使用情况；同时，还通过全局的设备观测模块向上提供设备内部资源的使用情况。

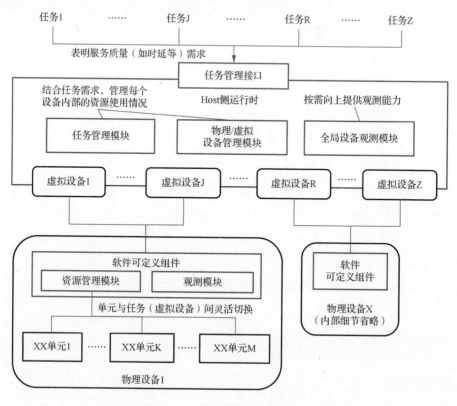

图 4-37　一虚多部署形态部分细节

（2）设备内软件可定义组件：此组件会结合任务服务质量的需求，通过资源管理模块灵活调整物理单元（也就是资源）和任务之间的映射，实现灵活切分而非静态空分；另外，观测模块提供对 Host 侧运行时中全局设备观测模块的底层支持。

目前，上述一虚多技术已在多个小容量模型推理场景中获得显著收益。例如，在某单次推理时延需要小于一定的指标的业务 X 中，矩阵算子时长占比约45%，其余约55%的时长为向量算子，并且所有算子中约 70%仅需要使用部分相关单元，如某矩阵算子仅需要使用 4 个矩阵单元，会让其余矩阵单元及所有向量单元空闲。在这种情况下，静态空分部署会出现显著的资源浪费，而裸进程部署会经常出现长尾时延，影响用户体验。而异构融合一虚多在通过任务接口得知时延需求后，会结合设备内的模块，将原本空闲的资源在各任务间灵活分配，最后将相同规模的设备可服务的业务流量提高了 20%~30%，显著降低了业务成本。

　　第二个例子为多虚多，如用一组设备（如单个服务器内部的所有设备）服务多个分布式任务。出于支撑大容量模型（如 380 亿、710 亿及以上参数规模）及缩小推理时延的考虑，业务使用多个设备来支撑一个服务的情况也不算少见（如使用 2～4 个设备运行一个 140 亿参数规模的模型）。例如，任务使用单个设备，运行过程中会在矩阵单元和向量单元之间来回切换，而使用多个设备的分布式任务，则需要额外的通信单元来通信，这使得单个任务对设备算力的利用更加不充分。我们观察到，在一些业务中 20%～30% 的时间都花费在集合通信上，而这段时间内对设备的算力没有任何使用。这些观察进一步凸显了多虚多的收益空间和必要性。

　　在技术方面，多虚多需要额外引入集合通信虚拟化，以允许同一组设备的多个任务交替使用集合通信单元，这也是融合虚拟化的重要优势之一：在业界现有的技术实现中，一个物理设备通常仅能支持建立一组集合通信。也就是说，即便通过静态空分等方式将一个物理设备切分成多个虚拟设备，这些虚拟设备中最多也仅有一个参与集合通信，其他设备只能单独工作。也正因此，多虚多就目前来讲，在业界还是独一份。

　　如图 4-38 所示，可以看出，业界当前的技术与多虚多的集合通信虚拟化技术的区别。如图 4-38（a）所示，物理设备 A 和物理设备 B 都通过静态空分的方式虚拟成多个设备（分别是虚拟设备 A_1～A_X 和虚拟设备 B_1～B_X），当 A_1 和 B_1 进行集合通信时，虚拟设备 A_2～A_X 和 B_2～B_X 都无法通信。而在相同的情况下，如果使用集合通信虚拟化技术，如图 4-38（b）所示，当 A_1 和 B_1 进行集合通信时，虚拟设备 A_2 与 B_2、A_X 与 B_X 等仍然可以通信。

　　结合集合通信虚拟化技术及将计算核在实例中灵活分配的能力，我们在一些分布式推理场景中，尝试了 LLM（Large Language Model，大语言模型）（如 Llama）多任务部署。如图 4-39 所示，LLM 实例 1-Part1 进程与 LLM 实例 2-Part1 进程通过异构融合虚拟化的能力复用物理设备 1 的 HBM 内存和计算核，同理 LLM 实例 1-Part2 进程与 LLM 实例 2-Part2 进程复用物理设备 2 的 HBM 内存和计算核，并且实例 1-Part1 与实例 1-Part2、实例 2-Part1 与实例 2-Part2 都能同时使用集合通信进行通信。由于多任务间能互补使用通信和计算资源，避免了单任务通信时的计算空隙，使得相同规模的设备能支持更高的业务吞吐量。

我们在一些业务原型中，在业务时延不变的情况下，看到有 30%～50%的吞吐量提升。

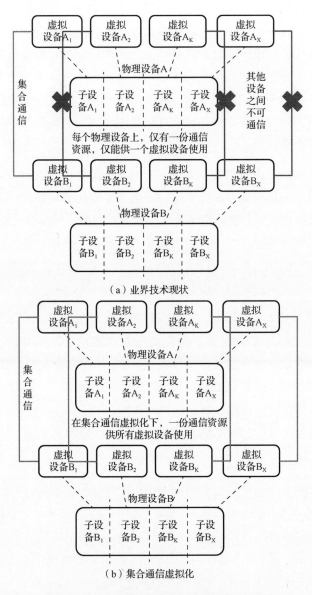

图 4-38 集合通信虚拟化与当前技术的区别

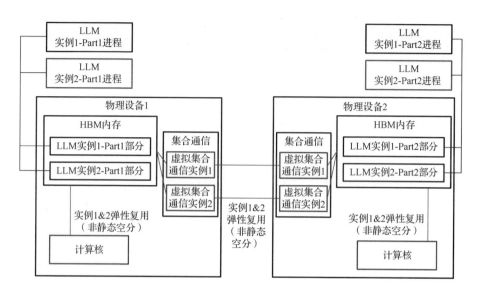

图 4-39　多虚多多任务部署示例

4.4.6　其他潜在相关技术

上面介绍了当前异构融合虚拟化的设计，未来还会有更多的工作待推进。下面是未来可能和融合虚拟化相关的一些其他技术。

1. 多任务间参数内存共享

上文默认假设设备任务之间的参数是无关联的，每个任务的模型示例会分别占据卡内的一块独立内存。这样，在使用大容量语言模型的场景下，有时可能会出现因为加速卡内存不足，而无法部署多任务的情况。考虑到未来大语言模型可能会在基础模型之上做少量微调，即面向不同场景、用户时，绝大部分基础参数相同，只有少数末端参数因微调而发生变化，因此可以考虑在不同的任务之间仅通过一份物理内存来共享基础参数。如此，则 N 个任务所需的卡内内存容量会从 N（内存$_{基础参数}$+内存$_{微调参数}$）缩小为内存$_{基础参数}$+N 内存$_{微调参数}$，从而提升潜在的多任务部署数量。

2. 面向服务时延的资源/算子调度

很明显，虽然异构融合虚拟化提供了在多任务间灵活切换细颗粒度资源的能力，但在何时以怎样的方式使用这些能力，还需要结合各任务的服务时延来进行统筹调度。当前，业界有很多面向神经网络推理的调度相关工作，异构融合虚拟化可以与其结合起来，达到更好的效果。

3. 多样性算力设备统一抽象

这里的虚拟化主要是围绕异构加速器来进行描述的，在现实推理业务中，通用处理器（如 CPU）也占了较大的比重。目前，通用 CPU 和 NPU/GPU 等异构加速器，在集群层面依然在使用不同的虚拟设备抽象进行"竖井式"区分管理（如 vCPU 和 vNPU/vGPU 等）。这样的管理是否带来资源的碎片化，是否有统一化管理的改进空间，又如何统一，均是值得探索的技术领域。

4.4.7 openEuler 当前实现

目前，异构融合虚拟化的一虚多和多虚多特性已结合配套昇腾的独立组件得以实现。该组件包含一套完整的设备内组件、设备驱动和必要的 Host 侧配件，可通过将 rpm 包和脚本结合，在已有的昇腾基础设施上一键完成自动更迭。这套组件兼容昇腾现有的北向接口，无须应用侧做出修改。

由于异构融合虚拟化允许虚拟设备间的资源弹性伸缩和动态复用，不再拘泥于在虚拟设备初始化时做静态配置，这为集群管理进行实时精细化资源调控，提供了更大的活动和优化空间。集群管理可考虑结合业务需要，在静态管理方式的基础上不断拓展，以进一步挖掘此空间。

当前，异构融合虚拟化主要以改善性价比为目标，结合内部 AI 业务进行竞争力试点，如果要了解更多相关信息，感兴趣的读者可以在 openEuler 异构融合 SIG 中进行交流和讨论。

4.5　本章小结

本章介绍了异构融合操作系统池化基础底座中的四大关键技术，各种异构设备、内存、xPU 通过 CXL 等高速互联总线连接，异构融合操作系统分别通过设备池化技术和内存池化技术将设备和内存形成资源池，这不仅可以简化管理、提高资源利用率，还可以实现内存的按需扩展，降低成本；通过异构融合通信技术，可以充分释放高速互联总线的能力，提升节点间的 IPC 能力和异构计算的通信效率。另外，针对 NPU/GPU 提出了异构融合虚拟化技术，通过一虚多、多虚多等技术，可以弥补业界现有技术的不足。

第 5 章　异构核心子系统

异构核心子系统是建立在池化基础底座上的关键子系统，主要包含四个部分：异构融合调度、异构融合内存、异构融合存储和异构在网计算。

本章将对这四项核心技术进行详细介绍。

5.1　异构融合调度

5.1.1　背景

众所周知，AI 业务蓬勃发展拉动了算力需求的快速增长，已经远远超过了摩尔定律的速度，算力总体上呈现紧缺态势。同时，算力的结构正在发生快速变化，目前异构算力规模已超过传统算力规模。算力紧缺与算力规模增长的叠加必然会催生对算力的共享复用和精细化管理。因此，异构算力的融合成为必然趋势，精细化的算力管理和提升算力利用率将成为异构技术的高地和云商业的制高点。

算力是推动 AI 技术发展的三驾马车之一。为了提升 AI 运算速度，各大厂商纷纷推出自己的 DSA，如 NVIDIA 的 GPU、华为的 NPU、谷歌的 TPU，还有 DPU、IPU、APU 等。各种 DSA 不断出现、软件栈走向烟囱化、生态呈现碎片化等导致开发人员的开发难度大、学习成本高，算力无法拉通复用，xPU 间协同效率低等问题凸显。因此，构建统一的异构算力生态，降低开发难度将为异构云提供核心竞争力。

异构融合调度负责对异构硬件进行抽象,提供统一的算力编程与管理接口,并进行算力的精细化管理,充分释放算力优势。

公开资料显示:公有云上 GPU 的利用率只有 20%～30%左右,主要业务独占、预留算力、业务分池部署等原因导致利用率低,这使得资源成本居高不下,从而限制了盈利空间。具体而言,资源利用率低主要有以下几种原因:

1. 业务独占,算力无法充分利用

目前,异构算力通常的使用方法是独占设备(物理设备/虚拟设备),如图 5-1 所示,两个部署 AI 应用的容器分别占用一个 NPU 设备,由于每个应用在不同的时间点占用的资源不尽相同,因此必然会导致产生算力的碎片,造成算力的浪费。其中,缺乏 QoS 管控机制和灵活的资源分配机制是主要原因,当多任务被部署到同一个设备上时,会存在多维度的资源争用,对业务的性能造成影响。

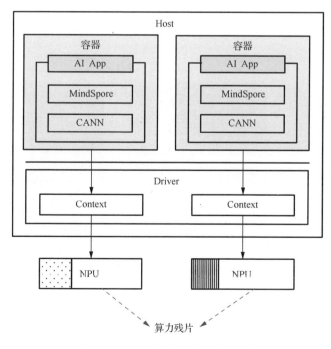

图 5-1　业务独占导致产生算力碎片

另外，在云环境上对资源进行分配，并按照配额进行收费也是面临的一项挑战，目前缺少一套有效的管理机制。针对这一痛点问题，业界推出了一系列方案，通常包括两类：一类是虚拟化技术，如 MIG（Multi-Instance GPU，多实例 GPU），即在软硬件层面对设备进行空域拆分，这类技术的安全性和抗干扰能力较好，但是无法实现算力的共享和复用。另一类是类似 MPS 技术，这类技术可以实现算力的共享和复用，但是无法解决故障传播等问题。业界还推出了一类 vCUDA（virtual CUDA，虚拟 CUDA）劫持技术，它可以解决资源共享问题，但是只能针对一类资源如 GPU 进行管理。在云场景中，当出现多种算力共用时，其无法进行统一管理。

2. 预留算力，导致算力浪费

如图 5-2 所示，因为 AI 业务负载是潮汐变化的，如推理任务，白天负载比较高，晚上负载较低，如果按照固定额度的算力分配，为了满足推理任务的性能，需要按照最大需求进行分配。这样，当业务负载低时，就会导致算力的浪费。

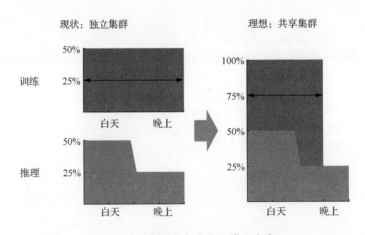

图 5-2　业务潮汐负载导致算力浪费

另外，在分配算力时，无法精确预估业务的算力需求。一个典型的例子是，在分配时无法预估业务的内存需求，所以经常导致 OOM（Out Of Memory，内存溢出）的问题。算力也是如此，为了保障性能，用户往往会多申请算力资源。

3. 业务分池部署，算力碎片严重

不同代际、不同类型的设备，由于其算力、指令集存在差异，操作方法也不同，导致业务分池部署，算力无法拉通复用，算力碎片严重。通用算力如 ARM 和 x86 之间的指令集不同。通用算力与智能算力之间不仅指令集不同，算力类型也不同，通用算力通常侧重标量运算，智能算力侧重矢量运算或者张量运算，它们在运算的数据格式上也不相同，数据类型有浮点型和整型类型，数据大小有 8 位、16 位、32 位、64 位等。另外，不同代际设备的算力，如昇腾 310 和昇腾 910 的算力与内存容量分别存在较大的差异，无法提供用户统一的服务质量。

另外，异构融合调度是一个通用调度框架，旨在满足不同业务场景的功能、性能、能效、资源利用率等诉求。不同 AI 业务模型对资源的消耗是不同的，图 5-3 所示是 Meta 总结的当前 LLM 训练、推理的不同阶段及排序推荐（Rank/Recommand）任务负载对算力、内存带宽、内存容量、网络带宽、网络时延等需求的差异。为了满足不同业务对不同资源的诉求，异构融合调度需要提供更灵活的工作负载定义和资源供应能力。

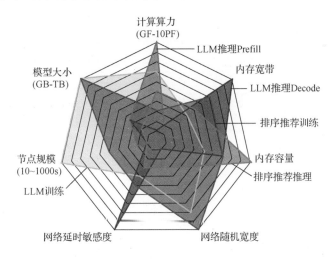

图 5-3　不同阶段训练、推理任务的资源需求

　　未来，异构融合调度需要拉通不同的算力类型，为用户提供一个标准、统一的算力语义，并需要根据业务的负载特征、QoS 要求，自适应选择不同的算力单元，实现服务托管，降低用户的开发与维护成本。

5.1.2　总体架构

　　图 5-4 给出了异构融合调度的整体架构，该架构以满足 AI 应用需求为例，给出了异构融合调度所涉及的主要组件及相互关系。

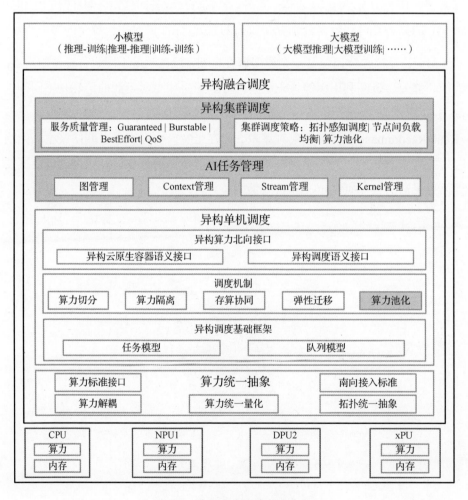

图 5-4　异构融合调度整体架构

异构融合调度架构包括以下几个关键部分：

（1）异构集群调度：主要提供对不同业务的服务质量管理和对集群的调度策略。

（2）AI 任务管理：主要指对 AI 任务进行抽象管理，包括图管理、Context管理、Stream 管理、Kernel 管理，同时对 AI 任务运行过程中的各种资源生命周期进行管理。

（3）异构单机调度：从单机角度构建调度的基础能力，包括以下几个部分。

➤ 异构算力北向接口，主要提供外部调用接口，包含两部分：

● 异构云原生容器语义接口，这部分接口是通过 cgroup 接口对外提供的，支撑云原生容器的使用。

● 异构调度语义接口，这部分接口是提供调度的接口，包括xsched_set_attribute、xsched_wait、xsched_wake 等，用户态程序通过 syscall 来调用相关逻辑。

➤ 调度机制：构建调度的基础能力，包括以下几部分。

● 算力切分：通过构建异构抢占、时分复用、带宽管控的方式，实现对算力精细化切分与管控的能力。

● 算力隔离：构建异构场景上算力的干扰隔离，包括算力抢占、内存隔离、I/O 带宽隔离、集合通信隔离等。

● 存算协同：通过存力与算力协同，解决存力不足情况下的训练-推理混合部署，提升整体吞吐量。

● 弹性迁移：实现 AI 任务在同类型多设备间的迁移，满足负载均衡和可靠性等诉求。

● 算力池化：通过消除不同类型、不同代际设备间的算力差异，拉通不同算力单元进行统一使用，消除算力碎片。当前未实现，本书中不对其具体展开。

➤ 异构调度基础框架：主要包括任务模型与队列模型，这些基础模型决定调度的具体实现。

（4）算力统一抽象：针对不同的异构算力单元进行统一抽象，包括以下几部分。

➤ 算力标准接口：针对内核各组件和用户态程序，提供统一的算力对象、操作接口、拓扑关系表示。

➤ 算力解耦：业务针对 xPU 进行解耦，包括命令的封装与解封、状态恢复、资源重映射等。

➤ 算力统一量化：针对不同的硬件算力能力，提供统一的量化规范，包括量化标准、量化工具及测试用例集。

➤ 拓扑统一抽象：针对不同的 xPU 硬件拓扑关系，提供统一的拓扑关系表示。

➤ 南向接入标准：针对各硬件厂商，提供一套统一的接入接口，供硬件厂商接入调度框架。

接下来，重点介绍异构单机调度和算力统一抽象两个部分。

5.1.3　异构单机调度

1. 异构调度基础框架

在设计异构调度基础框架前，需要清晰几个问题。

首先需要清楚调度对象是谁。调度对象一般是可以独立并行执行的任务，如传统业务将 task 作为一个调度对象，每个 task 对应一个线程，线程是一个独立并行执行的单位。

在 AI 业务中，主要有 Model、Stream、Kernel、Block 等对象。Model 是一种描述人工智能算法和数据输入的数学表示，它可以是神经网络、决策树、支持向量机等形式；Stream 是指在一定的时间内，由一系列连续的算子输入组成需串行执行的任务集合；Kernel 是指在 AI 系统中执行的基本操作，如矩阵乘法、卷积等；Block 是指 AI 算法逻辑与一块数据的组合，通常会对应到 xPU 硬件内部的一个处理单元上，如 GPU 的 SM 上。Model 颗粒度太大会导致无法精细化管理，无法构建竞争力；Stream 流也是可以独立并行执行的单元，但 Stream 的颗粒度还是比较粗的；Kernel 之间存在依赖性，无法独立运行；Block 之间可独立运行，但是无管控能力。因此，需要引出一个新的概念来作为调度对象。

因为异构的模型是 Host-Device 模型，所以调度框架运行在 Host 侧，即 CPU 操作系统上。但是真实运行的业务在 Device 上，实际上是通过 CPU 算力来控制 xPU 算力的，那么就需要构建一个对象来控制 xPU 上的业务运行。我们将此对象命名为"sched entity"（简称 se），即调度实体。而前面所述的 Model、Stream、Kernel、Block 都是需要被执行的任务，即执行实体"task"。task 需要并行而且颗粒度要适度，我们将一个 task 定义为一个 Stream，因此问题就在于如何通过 se 控制 task 来实现精细化的调度能力 。

以 AI 为例，我们知道 AI 业务的运行必须要通过一些指令来驱动 xPU，包括申请内存、拷贝数据、下发算子等，所以 se 就是通过控制一个 task（Stream）申请内存、拷贝数据、下发算子来控制 task（Stream）的运行，但是这里 Stream 的颗粒度还是比较粗的，需要通过限制下发算子的个数来提供控制的颗粒度。

其次，需要了解可控制的算力单元。在 CPU 业务上，一个 CPU 是一个独立可控制的算力单元；在 xPU 环境中，一个 xPU 如一张 NPU 卡就是一个独立可控制的算力单元，我们称之为 CU（Computing Unit）。而一张 NPU 卡包括多个更小颗粒度的算力单元，单独控制 NPU 会导致算力的颗粒度太大，无法做到精细化的算力控制。因此，可以基于硬件构建 CUMask 功能，CUMask 可以指定算子到 xPU 指定的核［如 SM（Streaming Multiprocessor），GPU 中的一个算力合集］上运算。这里将 CUMask 隔离出来的一个或者多个核定义为一个 CU，因为 CUMask 具备动态调整能力，所以 CU 的范围也是可调整的。

1）任务模型

在调度模型中，将一个 task 描述为一个可以并行执行的对象，即 Stream。se 代表一个 AI 任务的调度实体，记录了任务在调度器中的上下文，包括任务的 CUMask 信息、优先级信息、调度的统计数据等，一个调度实体与执行实体是一一对应的，即 se 与 task 一一对应，一个 task 固定包含一个 se，通过 task 可以找到 se，通过 se 也可以找到 task。se 执行的工作就是执行 task 运行所需要的工作，包括申请内存、拷贝数据、下发算子等。

如图 5-5 所示，图中展示了任务的状态变化，具体如下。

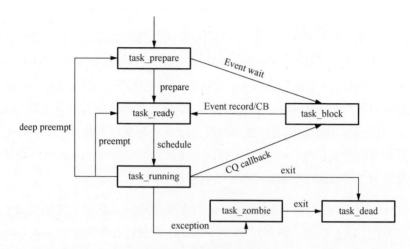

图 5-5   AI 任务状态变化

（1）task_prepare：se 的初始状态，在此状态下，se 对应的任务尚未完成申请内存、拷贝数据等动作，算子还不能直接下发到硬件上。

（2）task_ready：se 就绪状态，se 已经完成申请内存、拷贝数据等准备活动，可以开始进行算子下发动作。

（3）task_running：se 运行状态，se 已获取算力资源，开始运行。

（4）task_block：se 阻塞状态，当 se 获取资源失败或者处于等待状态时，进入阻塞状态。

（5）task_zombie：当 se 出现异常时，保存异常信息，等待主线程查询。

（6）task_dead：当 se 退出时，会进入 task_dead 状态，释放相关资源。

在 se 初始化后，处于 task_prepare 状态，此时 se 还处于未就绪状态，需要进行就绪动作，包括申请内存、拷贝数据等。se 在调度器的任务队列中等待算力资源的空闲，当有空闲的算力且运行到 se 时，会判断 se 的状态，如果是 task_prepare 状态，则先进行申请内存、拷贝数据等准备动作，准备完成后，将 se

设置成 task_ready 状态，然后准备下发算子，此时再将 se 设置成 task_running 状态，开始下发算子。

一旦 se 进入 task_ready 状态，就等待 xPU 算力资源空闲，在获取到 xPU 算力资源后，se 可以正常下发算子。算子的个数可以调控，其直接关系到抢占时延和资源利用率，与 se 的优先级及当前系统的负载紧密相关。

在 se 对应的算子下发到 xPU 后，se 状态变成 task_running，直到 se 被其他 se 抢占或者处于阻塞状态。算子在运行过程中，由于 xPU 上的资源受限，由 xPU 回传 CQ 命令到 Host 侧，此时 Host 侧监听到相关的命令，阻塞相关的 se（备注：由于其他的资源受限，如 xPU 上的网络阻塞等，在 Host 侧不一定能监听到，此时 se 对应的算子会阻塞在设备上，导致 xPU 没有任务运行，但 Host 侧会误认为 xPU 一直繁忙，此时需要 Host 侧能监控到设备算子状态）。当 se 处于阻塞状态时，se 会被挂载到对应的资源链表上，等待对应的资源空闲。当对应资源空闲时，会唤醒对应资源链表上优先级最高的 se。

在 se 运行过程中，高优先级 se 被唤醒后，开始进行抢占逻辑，这里抢占策略需要判断是否满足抢占条件，其中包括优先级、最短抢占时延（同级别需要考虑最短抢占时延，保障吞吐量）、资源是否已经就绪等。在满足抢占条件后，会在 se 上设置抢占标志。在 se 的算子运行完成后，判断如果 se 上有抢占标识，则进行主调度，选择新的 se 运行。抢占包括普通抢占和深度抢占，其中深度抢占指的是，如果高优先级 se 还处于 task_prepare 状态，就挑选一个 task_ready 状态的 se 或者正在运行的低优先级 se，将其内存拷贝到 Host 侧进行临时保存，并将 se 设置成 task_prepare 状态。

如果 se 运行过程中出现了异常（通过 CQ 命令可以监听到），任务处于 task_zombie 状态，则保存算子的异常信息，并通知业务主线程。在主线程查询完成后，将 se 退出。

2）队列模型

图 5-6 所示为一种 per-xPU 队列模型，也就是说一个 xPU 中所有的 se 共享同一个任务队列。这样做的好处是，xPU 内部不用考虑负载均衡机制（备注：不同 xPU 之间还需要考虑负载均衡机制），有利于提升 xPU 的资源利用率。因

为一个 xPU 对应的 CU 不会太多，所以不会有太多的锁竞争。

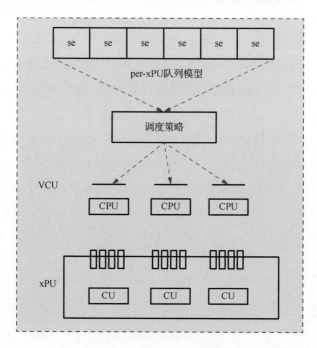

图 5-6　per-XPU 队列模型

2. 调度机制

1）技术挑战

当前的编程模式是面向设备的编程方式，用户看到的是物理设备，设备是最小的调度单元。如图 5-7 所示，当使用 GPU、NPU、DPU 等各种 xPU 时，不管是在分配上，还是在使用上，均是将 xPU 作为一个外设。

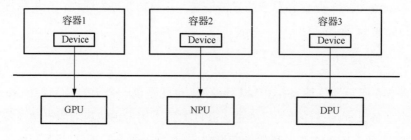

图 5-7　面向设备的编程方式

这种编程模式存在以下几方面的问题：

（1）设备存在差异，无法拉通复用。

（2）设备存在边界效应，碎片无法共享。

（3）设备是资源管理的最小单位，无法精细化分配。

为了解决上面的问题，一种思路是构建面向算力的编程，如图 5-8 所示。在这种编程模式下，操作系统把底层 GPU、NPU 和 DPU 等各种 xPU 硬件抽象成 CU，其中 CU 描述了算力的类型和算力的容量，用户看到的是抽象的 CU 算力单元，不再是传统的物理设备。这样就可以根据应用的算力类型和算力值进行自由组合，将任务调度到具体的 xPU 硬件上，最终达到算力切分和消除算力碎片的目的。

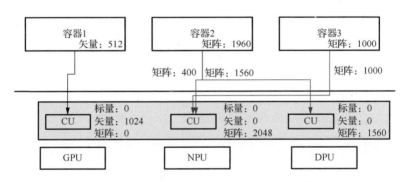

图 5-8　面向算力的编程方式

如图 5-8 所示，容器 1 的算力需求是矢量计算类型，算力值是 512，可以被调度到 GPU 上（分配的算力值为 512）；容器 2 与容器 3 的算力需求都是矩阵计算类型，算力值分别为 1960 和 1000，通过这种机制可以把容器 2 分别调度到 NPU（分配的算力值为 400）和 DPU（分配的算力值为 1560）上；同时，还可以把容器 3 分配到 NPU（分配的算力值为 1000）上。这种根据不同容器所需要的算力类型和算力值进行灵活调度的方式，具有以下优点：

（1）算力本身是经过统一抽象后的产物，因此消除了算力差异。

（2）算力可以自由组合和切分，有利于消除算力碎片。

但是要想实现面向算力的编程和调度，当前还面临以下技术挑战。

挑战一：算力抽象难，缺少标准。

（1）不同硬件的差异较大，且不同硬件的不同版本也存在差异，抽象难度较大，维护成本高，需要推动构建统一框架及生态发展，由硬件厂商对接框架。

（2）缺乏统一的算力度量工具集和量化标准，需要推动算力标准化组织来统一制定。

挑战二：质量服务管控缺乏基础机制，干扰量化尚在理论探索中。

（1）xPU 硬件采用 run to complete 运行模型，缺乏寄存器上下文保存与恢复机制，且 xPU 硬件能力参差不齐，缺乏归一化的抢占能力。

（2）内存、网络等器件在 xPU 硬件内部，缺少统一的干扰隔离手段。

（3）在 AI 领域，缺乏有效的算力与内存需求预测机制，目前仅有少量理论上的探索。

挑战三：AI 技术栈强耦合，指令集差异导致任务难以迁移。

（1）如图 5-9 所示，Framwork/Runtime、Driver 和各种 xPU 之间存在语义耦合，甚至它们之间存在状态强耦合，因此需要构建解耦层，但 AI 技术栈中的资源状态众多，包括 Stream、数据、集合通信、硬件上下文信息等，构建解耦层的工作量大，难度高。

（2）大模型涉及数百上千张 xPU 卡同时训练，如何实现多张 xPU 卡的状态一致性是面临的一项挑战。

（3）如图 5-9 所示，CPU、GPU、NPU 不同硬件支持的 ISA（Instruction Set Architecture，指令集架构）不同，任务不能在异构算力之间迁移，目前需要按照不同算力类型进行分池部署，如何消除指令集差异和性能差异，实现跨异构硬件迁移能力也是面临的一项挑战。

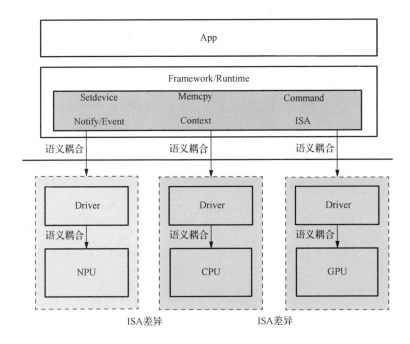

图 5-9　AI 技术栈强耦合

2）关键技术

为了实现面向算力的编程和调度，需要通过算力切分、算力隔离、存算协同和弹性迁移这几项技术来解决当前面临的技术难题。

➢　算力切分

算力切分是将 NPU 的算力按照时间或者空间维度进行切分，供多个 AI 应用共享。这里的重点在于，按照时间维度进行切分，即时分复用，其基础的能力是异构抢占能力。在抢占基础上，构建时间片切分能力、分组调度能力和带宽能力，以构建完整的算力切分能力。

（1）异构抢占：通过软硬件结合的能力实现异构通用抢占功能。

如图 5-10 所示，有 2 个抢占时机点：一个是在 se 入队列的时候，由于是 per-xPU 队列模型，因此在入队列的时候会判断每个 VCU 上运行的 se 是否适合抢占，这里判断是否适合抢占不仅需要判断 QoS 信息，还需要判断当前资源是否满足运行要求，如内存是否分配等。当满足抢占条件时，会在 se 状态上置上抢占标识，在 se 已下发的算子完成时开始执行抢占动作。另一个由 timer 确定是否抢占，这个主要用在带宽管控。

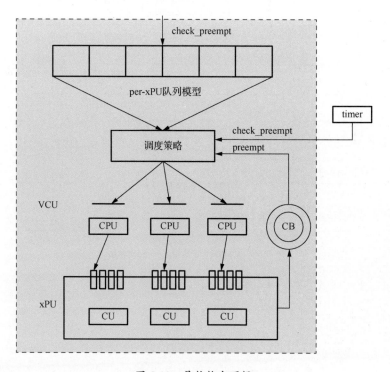

图 5-10　异构抢占逻辑

在已提交的算子全部运行完成时执行抢占动作，因为在 Host 侧只能做到算子边界抢占，必须等到当前已下发的算子运行完成时，才能进行下一个 se 的切换，这里通过控制下发算子的颗粒度和数量来保障抢占的时延。

抢占方案支持软硬件结合的方式，当硬件支持抢占方式时（如 NPU 和 GPU 支持基于优先级的调度），可以调用硬件的抢占方式。在这种情况下，硬件需要封装自己对应的抢占 ops，关于硬件如何封装 ops，在这里不深入讲解。为了支持当前的框架，需要给 CQ 队列传入一个 fake CQ，唤醒 CU 对应的线程，以便进行下一次选 se 的流程。这里发送 fake CQ 是从软件的角度来配合硬件的抢占，此时不需要等待算子运行完成才能抢占，所以需要模拟发送一个 fake CQ，模拟硬件返回算子已经运行完成。

在上面的机制中，线程在执行一个 se 的申请内存、拷贝数据或者下发算子的过程中，是不能执行抢占的，只能等待对应算子执行完成再执行抢占，这样做的思路是简化设计。为了进一步降低抢占时延，可以在申请内存、拷贝数据、下发算子过程中加入抢占点，以保障及时抢占。

如图 5-11 所示，其抢占流程大体是，当有新的高优先级 se 加入队列时，调度器会判断是否需要抢占当前的 se，在确定需要抢占后，会在 se 状态上置上抢占标识 need_preempt。如果运行 se 的线程处于休眠状态，则发送 fake CQ 唤醒此线程；如果线程正在运行过程中，当运行到以上关键点时，会检查抢占标识，如果抢占标识已置，则进行抢占。

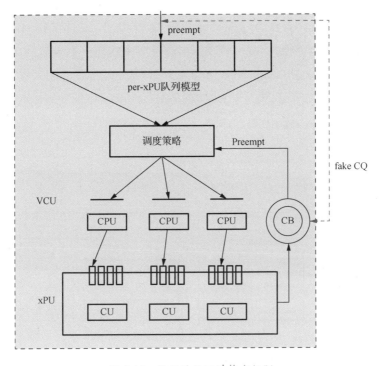

图 5-11　软硬件协同的抢占机制

（2）按时间分片：给每个 AI 任务分配一定的时间额度，当 AI 任务的时间额度用完时，定时器会触发调度器进行任务抢占，切换为下一个 AI 任务运行。

AI 任务的时间片按照 AI 任务的优先级进行分配，优先级高的任务分配的时间片多，优先级低的任务分配的时间片少。

（3）组调度：因为需要对接容器生态，所以调度器需要对接 cgroup 接口，同时需要在调度器中实现组调度能力。组调度即将一组任务封装成一个调度实体（se），在调度过程（如选任务过程）中，它作为一个对象被选择，然后从这个组中选择一个合适的任务进行执行。组调度的功能可以参考 Linux cfs 调度策略。

（4）带宽管控：在容器场景中，需要使用带宽管控能力给容器分配算力配额。

如图 5-12 所示，两个 Docker 共享同一个 NPU 资源，可以按照一个 Docker 分配 0.3 个 NPU 算力，另一个 Docker 分配 0.4 个算力，这样在 Docker1 中的任务 A 和任务 B 共享 0.3 个 NPU 算力，Docker2 中的任务 C 和任务 D 共享 0.4 个 NPU 算力。这里的 0.3 个 NPU 和 0.4 个 NPU 是这样计算的：将 NPU 运行 1000ms 作为一个时间窗，0.3 个 NPU 就是运行 300ms，在 300ms 运行结束后，任务 A 和任务 B 就会被限流。

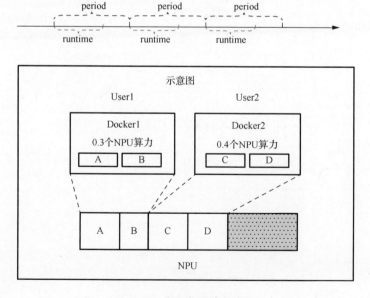

图 5-12　异构容器带宽管控

需要特别说明的一点是，要达到这里说的"0.3 个 NPU 和 0.4 个 NPU"的算力划分，必须有一个统一的算力度量机制，通过这种度量机制对同类型的不同 xPU 和不同类型的 xPU 进行统一度量，因为不同的 NPU 和不同的 GPU 的算力能力都不相同，要想给用户提供统一的算力量，就需要实现这种度量机制，在后续的算力统一抽象中会对其详细描述。

> 算力隔离

在云场景上，由于多个 AI 任务同时使用一个 NPU 资源，因此在共享资源方面，如算力、缓存、内存、带宽等存在竞争，需要对这些资源进行管控，以保障关键业务的性能不劣化。这里重点介绍算力方面的隔离。

为了实现算力隔离的功能，当前实现了 CUMask 功能，通过 CUMask 指定 AI 业务运行在 xPU 内部的固定几个核上，这里的核在不同的 xPU 上有不同的语义，如在 GPU 上，核指的是 SM。通过 CUMask 可以实现不同应用的算力隔离，如图 5-13 所示，通过 CUMask 机制可以指定推理任务 1 运行在 0—1 核上，推理任务 2 运行在 4—5 核上，中间 2—3 核的算力资源可以预留，用于满足 AI 任务负载增大的情况。这样可以从空域动态隔离多个 AI 任务的干扰，不但可以满足不同时段业务潮汐负载的诉求，而且可以实现超分售卖，提升商业的盈利空间。

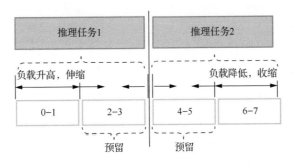

图 5-13　弹性负载场景下的动态隔离

> ➢ 存算协同

在云场景中，为了提升资源利用率，需要多任务共享 xPU 资源，但是多任务共享同一个 xPU 硬件必然会带来资源冲突，引起性能下降。资源冲突是多方面的，凡是共享资源都可能存在资源冲突，如算力、内存、缓存、I/O 带宽（PCIE、DMA）、网络等，需要多方面协同来保障关键业务的性能。

这里存在两种 AI 业务：一种是 AI 推理业务，另一种是 AI 训练业务。推理业务对算力和内存的需求不大，但是对时延敏感；训练任务对算力和内存的需求通常较大，但是对时延不敏感，可以进行资源压缩。因此，存算协同就存在以下几种场景：

（1）推理-推理混合部署：都对时延敏感，不能进行资源压缩，只能进行空域隔离，将推理任务分配到不同的核上并行运算。

（2）推理-训练混合部署：由于推理和训练对时延的敏感度不同，因此可以通过压缩训练任务的资源来满足推理任务对时延的要求。

（3）训练-训练混合部署：都对时延不敏感，可以尽量多地填充训练任务，以提升利用率。

利用业务以上特性可以将不同的业务混合部署，以提升资源利用率，但需要操作系统提供资源按需分配与 QoS 隔离能力。算力的 QoS 隔离能力主要通过空域与时域上的隔离来实现。内存的 QoS 隔离能力需要在内存分配、回收、Swap 等方面实现优先级概念；I/O 与网络的干扰隔离需要实现类似算力调度一样的能力，实现抢占和时间片概念，实现的技术与算力的类似。除隔离能力外，还需要为算力、I/O、网络实现协同能力，这就要基于任务或者组构建标签化能力。

如图 5-14 所示，用户态可以通过 cgroup 接口或者任务调度接口配置 Tag标签和 Quota（时间片），算力、I/O、网络调度按照固定的语义进行资源分配。

存算协同还有一种场景：在训练-推理混合部署场景中，由于内存不足，因此训推任务往往无法混合部署到同一个 xPU 上，但是训练任务是时延非敏感的，当训练任务申请内存时，不必一次性将内存分配给训练任务，可以按需分配，预留一部分内存给推理任务。

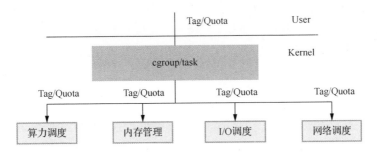

图 5-14 存算协同资源管控

如图 5-15 所示，训练任务需要 30GB 内存，但是实际上会先申请 1GB，在训练任务全部使用完后，触发 Page Fault，再将新内存迁移到 xPU 上，并预留一部分内存给推理任务。由于推理任务是时延敏感的，需要一次性申请 10GB 内存。

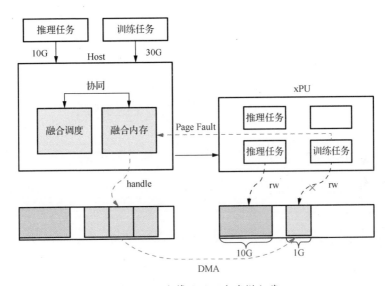

图 5-15 存算协同下内存懒加载

➢ 弹性迁移

由于 AI 应用与 xPU 硬件存在强耦合关系，因此 AI 任务无法直接被迁移到其他同类型的 xPU 上，需要进行抽象与解耦。

如图 5-16 所示，构建一层抽象解耦层，将 AI 应用与 xPU 硬件驱动解耦，使能 AI 应用迁移。其主要的实现思路是，将驱动和硬件视为一个灰盒，先记录 AI 应用发送给驱动的各种命令、任务和数据，再在新的硬件上通过重放相关的命令、任务与数据恢复任务运行。由于在新 xPU 上重放命令不一定能申请到 AI 应用所需要的资源句柄，所以需要构建资源关系映射与转换。例如，AI 应用申请一个 Stream，驱动分配 streamId=7 给 AI 应用，在 AI 应用中会保留 streamId=7 这个句柄，AI 应用后续运行时会使用这个句柄调用相关的资源。在新 xPU 硬件上，重放命令申请的可能是 streamId=8，这就导致 AI 应用中保留的句柄和实际分配的资源不对应，需要构建一层映射关系，将 streamId=7 转换成 streamId=8。

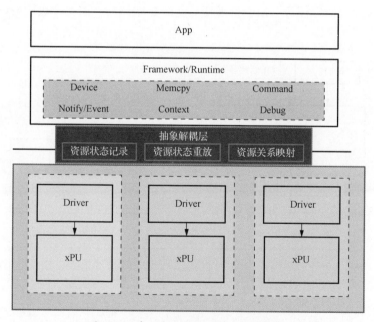

图 5-16　基于灰盒思路的算力抽象解耦

命令重放过程中不能简单地进行全量重放，其原因主要有两点：①部分命令不具备可重入性，如 wait 命令等，直接重放会导致流程卡死；②部分命令没有必要重放，如获取 xPU 信息的命令，重放会影响恢复的时长。因此，这里需要对命令的生命周期进行管理，一般命令的生命周期可以通过命令来识别，如 CreateStream、DestoryStream 命令。

3. 异构算力北向接口

异构算力北向接口主要提供外部调用接口，包含异构云原生容器语义接口和异构调度语义接口。

1）异构云原生容器语义接口

这类接口是通过 cgroup 接口对外提供的，支撑云原生容器的使用。其具体包括如下接口：

（1）xPU.shares：用来设置 xPU cgroup 子系统对控制组之间 xPU 的分配比例，默认值是 1000。

（2）xPU.periods: 用来设置一个调度时间周期的长度，默认值是 100 000us。

（3）xPU.quota_us: 用来设置在一个 CFS 调度时间周期(xPU.periods)内，允许此 xPU group 执行的时间。

（4）xPU.qos_level：用来指示 cgroup 组包含任务的优先级，qos_level = -1 表示训练任务，qos_level = 0 表示推理任务，默认 qos_level = 0。qos_level 的值越大，优先级越高，优先级高的任务可以抢占优先级低的任务。

在容器生态中，抽象出 requests 和 limits 两个概念，分别表示一个容器所需要的最小（requests）和最大（limits）资源量。通过 requests 和 limits 语义可以控制资源分配的 QoS 语义，具体包括以下几种 QoS 级别：

（1）BestEffort：POD 中的所有容器都没有指定 CPU 和内存的 requests 与 limits；（这个级别的容器优先级最低，最危险，首先被驱逐，但它们在空闲的时候可以占用整个节点的资源）。

（2）Burstable：POD 中只要有一个容器且这个容器 requests 和 limits 的设置同其他容器的不一致，那么这个 POD 的 QoS 就是 Burstable 级别。

（3）Guaranteed：POD 中所有容器统一设置 limits 和 requests，它们的值相等，并且这两个参数在所有进程中都要一致，这时 POD 的 QoS 就是 Guaranteed 级别。这代表此类 POD 有着严格的资源限制和 QoS 要求，该 POD 内的任务在运行时可以抢占其他 QoS 级别的 POD 任务。

图 5-17 所示为 kubernetes limits、requests 与 cgroup shares、quota 的换算关系，计算公式如下：

```
xPU.quota_us = (xPU * 100000) / 1000
xPU.period_us = 100000us，固定值不可修改
xPU.shares = (xPU * 1024)/1000
```

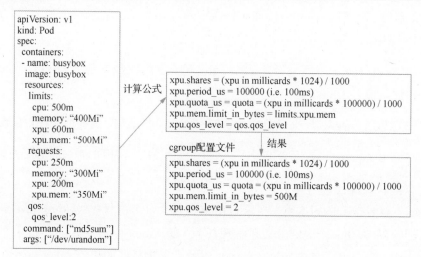

图 5-17   kubernetes limits、requests 与 cgroup shares、quota 的换算

2）异构调度语义接口

这是提供调度的一类接口，用户态程序通过 syscall 调用。其具体包括如下接口：

（1）xPU_create_stream: 创建一个 stream 对象。

（2）xPU_send_kernel: 下发 kernel 算子。

（3）xPU_create_event: 创建一个 event 同步事件。

（4）xPU_event_wait: 等待一个 event 事件。

（5）xPU_event_record: 唤醒一个 event 事件。

（6）xPU_wait: 等待任务执行结束。

（7）xPU_wait_timeout: 等待任务执行结束，或者超时。

5.1.4　算力统一抽象

根据互联网厂商反馈，在云场景中，由于 xPU 算力厂商、算力类型、算力代际不同，导致算力分散管理、管理成本高、算力碎片严重等问题。

如图 5-18（a）所示，昇腾 1980/1982 不同代际间的算力存在差异，昇腾 NPU 和英伟达 GPU 间存在不同的指令集，同一类业务需要不同的 AI 软件栈（比如，昇腾 NPU 设备需要 Diver-CANN，英伟达 GPU 需要 Diver-CUDA）来实现。在云场景中，同一类业务会采取分池部署，从而产生算力分散管理、算力碎片严重、多软件栈管理成本高等问题。我们期望实现一个算力统一抽象来屏蔽不同代际、不同厂商的硬件，如图 5-18（b）所示，通过异构融合调度的算力统一抽象为上层容器昇腾 1980/1982 及英伟达 GPU 提供统一的接口，实现 AI 软件栈统一。其中，异构调度算法和 cgroup 生态接口在前面章节已经介绍，这里不再详细介绍。

要实现算力统一抽象，需要解决以下几个问题：

（1）消除算力数据结构与操作方法的不一致性。

（2）消除算力量化标准的不一致性。

（3）消除不同设备、不同代际的硬件算力能力不同带来的业务性能影响。

（4）消除内存大小的不一致性。

（5）消除不同类型如 GPU、NPU 指令集的不一致性。

解决以上几个问题的主要方案如下：

（1）首先，消除算力数据结构和操作方法的不一致性和算力量化标准的不一致性，这主要通过算力的统一抽象来实现，构建统一的算力语义和量化标准。

如图 5-19 所示，算力统一抽象包括以下组件及功能。

南向接入标准：提供统一的设备接口，面向不同 xPU 硬件快速接入。

算力标准接口：给操作系统和用户提供标准的算力数据结构和操作接口，降低用户使用成本。

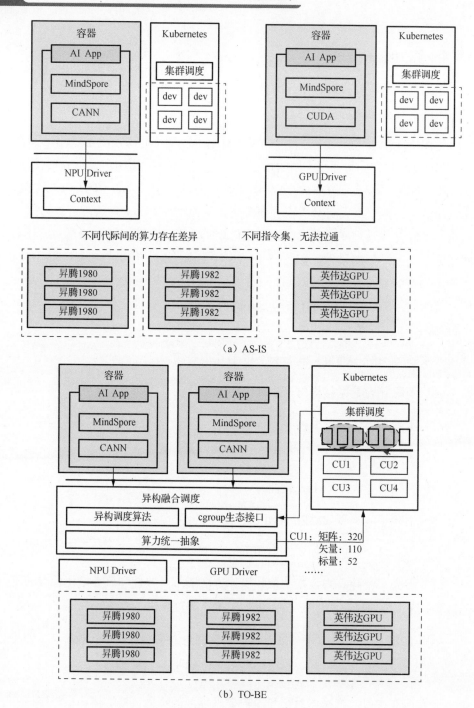

图 5-18　算力量化归一

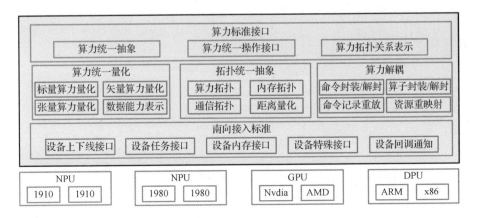

图 5-19 算力统一抽象

算力统一量化：与标准化组织构建异构算力统一量化标准和工具集，与用例配套，并提供标准对接方式。

拓扑统一抽象：提供算力、内存、通信相关的拓扑，并提供距离量化。

算力解耦：业务针对 xPU 进行解耦，包括命令的封装与解封、命令记录重放、资源重映射等。

（2）其次，消除由算力能力不同对业务性能产生的影响，这需要根据业务的资源需求特征和性能需求，选择最优的算力单元。

（3）再次，消除内存大小不同带来的影响，这需要根据算力对象的内存大小动态地进行图切分。

（4）最后，消除不同类型指令集间的差异，这需要根据选择的算力单元动态进行编译，针对这一块内容目前尚未展开。

5.1.5 openEuler 当前实现

如图 5-20 所示，当前在操作系统层面构建了异构调度框架，实现了算力的抽象、AI 任务的抽象与管理，以及调度框架（包括调度主框架、RT 调度类、CFS 调度类等），并基于此框架构建了异构抢占、算力切分、组调度及带宽管控等功能，且通过 cgroup 异构接口语义将其对接到容器生态上，实现了异构算力的精细化分配与管理。在算力抽象方面，实现了 AI 任务与异构算力的解耦，实现了异构算力的弹性迁移与快速恢复能力。

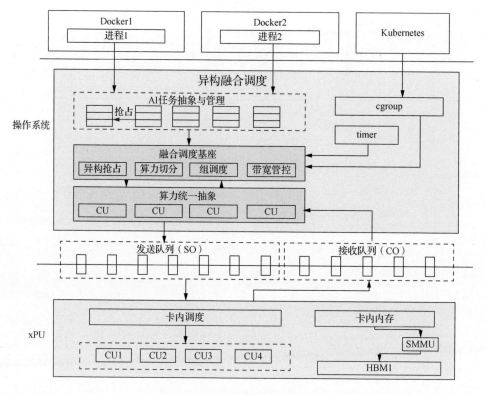

图 5-20 异构调度框架

当前实现已在 openEuler 6.6 内核分支开源，会在 openEuler 25.03 版本正式发布。我们会基于此套框架持续打磨，逐步构建算力隔离、存算协同及算力池化等能力。如果要了解更多相关信息，感兴趣的读者可以在 openEuler 异构融合 SIG 中进行交流和讨论。

5.2 异构融合内存

在 openEuler 操作系统中，异构融合内存的系统原型被称作 GMEM（Generalized Memory Management，通用内存管理）。GMEM 的愿景是，在操作系统中进一步泛化内存管理的通用性，在其支持不同架构的 CPU 之外，同时支持不同的异构加速器，从而避免加速器驱动重复造轮子，允许异构应用有统一的编程生态。

Linux 或 FreeBSD 等内核中会对内存做内存管理。内存管理模块与 CPU 的底层架构解耦，在硬件无关层共享内存管理的基本机制和优化策略。内存管理的逻辑十分复杂，代码量非常庞大，近几年 Linux 内核中的主要 bug 都来自该模块。当前的异构加速器分为集成加速器与独立加速器，前者往往能通过硬件共享物理内存来兼容操作系统中已有的 CPU 内存管理模块，后者则需要厂商在加速器驱动中额外实现一套专门用于异构加速器的内存管理模块。

事实上，内存管理机制在 CPU 或异构加速器中大部分是通用的，只是部分与硬件耦合的操作不同。举个例子，页表的更新操作总能抽象成几种通用的操作，如创建和删除一个映射，或修改映射的访问权限，但这些操作的具体实现在不同的微架构上（例如 CPU 的 x86、ARM 或 NVIDIA GPU 的 Pascal MMU），互不相同。由于加速器的硬件操作往往不能由 CPU 来完成（因为加速器不一定和 CPU 共享物理内存），现有的内核不能将内存管理机制泛化到解决加速器的虚拟内存管理问题上。

实际上，openEuler 操作系统已经对此进行了实践，GMEM 通过声明一些硬件的 MMU 操作函数，并由加速器驱动实现这些操作函数（实际的执行方式是发送一个指令通知加速器来完成），进而成功地将 Linux 的内存管理机制泛化到加速器上。

5.2.1　内存管理的四大机制

虚拟内存是由操作系统提供的一种内存管理机制，操作系统的虚拟内存管理机制将程序使用的内存地址从实际的物理内存地址中解耦出来，解耦的能力基于硬件的 MMU 实现。在此之上，操作系统为了抽象出虚拟内存，实现了四种关键的机制：虚拟地址空间管理、逻辑映射、物理映射和物理内存管理。

下文展开介绍这四种机制的原理及其作用。

1. 虚拟地址空间管理

当一个新进程被创建时，虚拟内存管理系统会为这个新进程创建一段新的虚拟地址空间并且完成这段虚拟地址空间的初始化。如果进程想要分配额外的地址空间，或者改变已分配的地址空间，则程序必须通过函数的方式完成请求，常见的函数如 mmap()、munmap()、sbrk()、exec()等。这些函数封装了分配、修改、回收虚拟地址的操作，并暴露给用户态程序使用；用户态程序通过这些函数通知内核修改自己的虚拟地址空间；函数同样支持更丰富的功能，如修改特定区段的虚拟内存访问权限等。最重要的是，虚拟内存地址分配时，并没有实际的物理内存被分配。

2. 逻辑映射

当一块虚拟地址被用户通过函数分配时，并没有实际的物理内存被分配。取而代之的是，会创建一个逻辑映射，逻辑映射定义了这块虚拟地址的初始值，当这块虚拟地址对应的物理内存被实际分配时，初始值会被写入其中。初始值可以是文件的内容，也可以是 0。

3. 物理映射

虚拟内存系统提供虚拟内存到物理内存的映射管理，以控制 CPU 的 MMU 的地址转换过程。页表存储了从虚拟地址到物理地址的现有有效映射。硬件 MMU 使用页表进行地址转换，并将这些转换缓存到 TLB（Translation Lookaside Buffer，旁路转换缓冲，通常称为"快表"）中。如果在页表中没有有效的转换（或访问者没有适当的权限使用转换），硬件将触发缺页异常，然后由虚拟内存系统处理。

在分配虚拟地址时，并不会立即创建物理映射。相反，物理映射是在首次访问时创建的。当程序访问尚未被物理映射分配的虚拟地址时，缺页异常处理程序将创建虚拟地址到物理地址的映射。如果物理内存已经被分配并准备好用于支持该虚拟地址，则可以立即在页表中创建并安装该映射。否则，必须分配和准备物理内存。在物理内存已经被分配并准备好之后，进程会恢复执行，此时硬件 MMU 将重新尝试转换，转换完成后才可以访问物理内存。需要注意的是，如果进程访问未分配的虚拟地址或者没有适当的权限进行访问，缺页异常处理程序将终止该程序。

映射是以页面大小的颗粒度创建的。x86-64 处理器支持 4KB、2MB 和 1GB 的页面大小。

当释放虚拟地址时，它们关联的映射也必须被销毁。销毁表示从页表中删除映射并使任何硬件 MMU 中缓存的映射失效。

4. 物理内存管理

虚拟内存系统直到访问并需要将已分配的虚拟地址映射到新的物理内存时才分配物理内存。在发生缺页异常时，如果虚拟地址有效且物理内存尚未被分配，虚拟内存系统会在创建虚拟地址到物理地址的映射之前分配物理内存。

物理内存可以一次分配一页或一次分配多个连续页面。物理内存被分配后，必须对其进行"准备"。这可能涉及页面清零（如果页面尚未清除）、复制内存（例如，支持写时拷贝）或从磁盘上的文件中读取内容。由支持此物理内存的虚拟地址的逻辑映射指示物理内存应该如何准备。

如果系统没有空闲的物理内存，则虚拟内存系统必须"回收"物理内存以供进程使用。要想回收物理内存，首先需要将待回收的内存页上的数据存储到磁盘上，以便在下次访问时可以恢复。如果页面上的数据已经在磁盘上或者在其他某些不再需要存储的情况下，则可以立即回收页面。

一旦分配并准备了物理内存，就可以创建虚拟地址到物理地址的映射，如上所述。

5.2.2　加速器的分类

过去，设备可以直接、不受限制地访问机器的内存，这些内存完全由可信的内核代码控制。此外，设备中的任何固件都是可信的。现如今，许多设备由不受信任的第三方驱动程序控制，这可能会引发安全问题。因此，外围设备可能会使用虚拟地址空间来隔离它们的内存资源，以限制其他设备的访问。不同加速设备的使用方式不一样，如表 5-1 所示，有四种典型的使用方式，具体的使用取决于虚拟地址空间是否与主机进程共享，以及设备是否有自己的本地物理内存。

表 5-1　加速器虚拟内存使用案例

物理内存	虚拟地址空间	
	私有	共享
本地	CUDA	UVM
共享	BUS_DMA	KVM 直通

BUS_DMA 接口支持每个设备的私有虚拟地址空间，这使设备只能访问其自身虚拟地址空间内被允许的机器内存。同样，NVIDIA 的 CUDA 编程模型支持每个 GPU 的私有虚拟地址空间，以保护存储在 GPU 本地物理内存中的数据。还有一些支持共享虚拟地址空间，包括 OpenCL 的共享虚拟内存和 NVIDIA 的统一虚拟内存（Unified Virtual Memory，UVM）系统。例如，统一虚拟内存系统统一了 GPU 和 CPU 的地址空间，使得 UVM 程序不需要管理设备缓冲区或协调 VA 空间之间的传输。KVM 直通设备在虚拟机和设备之间共享虚拟地址空间和物理内存。

GMEM 系统为设备驱动程序提供了一个通用的高级接口，以支持表 5-1 中的所有可能用例。相比之下，现有的操作系统支持非常有限，如下所述。

1. 过去的操作系统对私有虚拟地址空间的支持不足

FreeBSD 和 Linux 的 BUS_DMA 接口都通过实现二叉搜索树来管理私有虚拟地址空间中的 I/O 虚拟地址。操作系统的虚拟内存管理系统已经为管理 CPU 上的进程地址空间实现了这样的功能，但设备驱动程序不能轻易重用这些核心系统。

实际上，大多数外围设备的内存管理任务与 CPU 的内存管理任务没有什么不同。然而，虚拟内存管理系统并没有暴露更高级的 KPI，这限制了外围设备驱动程序对核心机制的便捷访问。重新实现这些机制既复杂又容易出错——

FreeBSD 的虚拟内存系统有超过 30 000 行的代码，而 Linux 的虚拟内存系统有超过 80 000 行的代码。例如，NVIDIA 的 CUDA 驱动程序实现了一个完整的 GPU 内存管理系统。仅实现虚拟地址管理和逻辑映射管理就至少需要 11 000 行代码，物理映射管理需要超过 6 000 行代码，物理内存管理需要超过 17 000 行代码。虽然 GPU 的虚拟内存管理系统（34 000 行代码）在 NVIDIA 的 CUDA 驱动程序（695 000 行代码）中只占一小部分，但它的规模与核心操作系统的虚拟内存系统相当。

2. Linux 已实现的共享 CPU 虚拟地址空间仍有缺陷

Linux 提供了一些低级机制[MMU 通知器和异构内存管理（Heterogeneous Memory Management，HMM）]来帮助外围设备在共享 CPU 进程地址空间时与虚拟地址系统进行协调。然而，这些低级机制并不能完全满足设备驱动程序实现协调机制的需求。相比之下，基于 GMEM 的驱动程序利用 GMEM 的高级接口可以无缝共享虚拟地址空间，因为在 GMEM 内部可以完成 CPU 和设备之间的协同。

此外，Linux 的低级机制远不能作为外围设备的通用解决方案，只有三个核心 VM 事件得到支持：映射的销毁、映射的限制和 CPU 对设备私有内存的访问。另外，这些事件的协调是"单向"的，即驱动程序可以请求虚拟内存系统在这些事件发生时通知它，但操作系统或其他驱动程序不能要求驱动程序进行类似的通知。

Linux 提供的低级机制如下：

Linux 的 MMU 通知器：外围设备驱动程序可以在 CPU 进程的地址空间上创建并插入一个 MMU 通知器，并在发生某些事件时自动调用虚拟内存系统的特定回调函数，如当主机物理地址映射被限制或销毁时。驱动程序还可以利用 MMU 通知器，该通知器限制了回调函数在指定虚拟地址区域内的调用。MMU 通知器内置的映射表可以帮助跟踪用户驱动程序的逻辑映射。

异构内存管理：Linux 的 HMM 包括几个助手函数、扩展的数据结构和通知机制。它们简化了外围设备驱动程序必须执行的协调任务，包括 VA 空间共享和主机-设备内存迁移。

3. Linux 当前机制的不足和 GMEM 的优势

Linux 的 MMU 通知器和 HMM 都是用于实现外围设备内存管理的低级机制。HMM 包括低级内核编程接口和扩展的内核数据结构，以帮助外围设备与核心虚拟内存系统协调。这种方式存在一定的局限性。首先，驱动程序必须重新发现自己的虚拟地址系统，其中大部分可能是与硬件无关的。其次，共享低级内核数据结构引入了潜在的灾难性错误。如果设备驱动程序未正确使用低级内核编程接口来操作内核数据结构，整个虚拟内存系统的管理代码可能会崩溃。

低级内核编程接口方法最大的缺点是，它以不理想的方式耦合了设备驱动程序和虚拟内存系统。设备驱动程序可能会误用一些编程接口，并且虚拟内存系统的所有部分必须维护这些低级机制引入的常量，这导致了一些问题。例如，Linux 的内存不足，内存回收器没有调用通知器，这可能导致回收器已经回收内存，但设备的驱动程序不知道这一点，从而导致内存损坏。这最终使得包括 Intel 和 AMD 的 GPU 驱动程序在内的设备驱动程序实现了自己的协调机制，其中 MMU 通知器仅用作同步机制，以尽量减少虚拟内存系统代码更改的需求。

相比之下，本书提出的 GMEM 通过重构核心虚拟内存系统，提供了一个集中式的内存管理系统，以支持配备各种加速器的机器。GMEM 不会暴露低级编程接口、扩展的数据结构或实现指南给驱动程序开发人员。相反，设备驱动程序只需封装其与硬件相关的功能，并将所有与硬件无关的功能通过高级编程接口调用卸载给 GMEM。

5.2.3　GMEM 的设计理念

通过 GMEM KPI，加速器可以注册符合 GMEM 约定的 GMMU 函数，从而将加速器内存托管于内核内存管理机制中。通过这种方式，加速器仅需实现与硬件相关的操作函数，内核能直接支持多种异构设备的统一虚拟地址空间。

为了结合加速器算力与 CPU 通用算力，实现统一的内存管理和透明的内存访问，GMEM 设计了统一虚拟内存地址空间机制，将原本并行的操作系统与加速器两套地址空间合并为统一虚拟地址空间。

GMEM 建立了一套新的逻辑页表去维护这个统一虚拟地址空间，利用逻辑页表的信息维护不同处理器和不同微架构间多份页表的一致性。我们称这种机制为基于逻辑页表的访存一致性机制。其基本原理是，在内存访问时，通过内核缺页流程即可将待访问内存在主机与加速器之间进行迁移。在实际使用中，内存不足时加速器可以借用主机内存，同时回收加速器内的冷内存，达到内存超分的效果。在 AI 模型训练中，利用这种机制能够突破模型参数受限于加速器内存的限制，实现低成本的大模型训练。

加速器驱动通过注册 GMEM 规范所定义的 GMMU 函数可以直接获取内存管理功能，建立逻辑页表并进行内存分配。逻辑页表将内存管理的高层逻辑与 CPU 的硬件相关层解耦，从而抽象出能让各类加速器复用的高层内存管理逻辑。加速器只需要注册底层函数，不再需要实现任何统一地址空间协同的高层逻辑。

5.2.4　GMEM 技术方案详解

1. GMEM 的系统架构

如图 5-21 所示，GMEM 基于操作系统的原生内存管理系统，提供统一虚拟地址编程框架。图 5-21 中的各个软/硬件模块功能如下：

AI Framework：如 TensorFlow、PyTorch、MindSpore 和其他应用，都支持对加速器设备的编程。

操作系统 API：如 mmap 和 brk 等，用于申请内存。hmadvise 接口用于异构内存管理，特定的内存语义可以在特定的场景下进行优化。

内核统一异构内存管理：负责 CPU 和加速器设备的虚拟地址管理及物理内存管理。

加速器驱动：负责和加速器设备交互；GMEM 新增了加速器本地内存管理函数，用于接入内核内存管理系统。

原 CPU arch MMU ops 实现：内核中各类加速器驱动实现的 MMU ops。

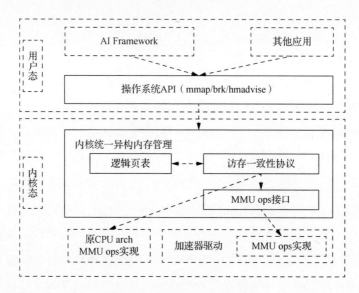

图 5-21　GMEM 的系统框架

2. GMEM 的核心模块

GMEM 的核心是在内核态提供统一异构内存管理架构，同时在用户态提供操作系统 API，如图 5-21 所示，其核心模块如下：

操作系统 API：将操作系统原生内存管理接口拓展为异构内存管理接口（如 mmap/brk），在申请内存时增加了标志位 MAP_PEER_SHARED。在对等模式中，首先在主进程中申请虚拟地址，然后在对等节点的协进程中申请相同的虚拟地址；在主从模式中，支持异构设备直接使用主机 mmap、brk 等接口申请的虚拟地址。新增 hmadvise 接口，其可以应用多种异构内存语义，以实现新特性或提升性能。

MMU ops 接口：提供 MMU 操作（包括页表、TLB 等）注册接口，各类加速器驱动使用此接口把它们实现的 MMU ops 实现注册到操作系统中，由操作系统统一管理。

逻辑页表：在操作系统的内存管理系统中增加一层逻辑页表，其可以维护同一虚拟地址到任意物理地址（位于不同异构设备上）的映射关系。

访存一致性协议：当同一虚拟地址在不同设备上被访问时，访存一致性协议借助逻辑页表，使用注册的 MMU ops 接口，透明地协调多个 MMU 页表，并完成数据迁移、数据拷贝，确保访存一致性。底层访存一致性协议可以动态切换，根据不同场景灵活应用，以达到最优性能。

3. GMEM 的编程接口

1）GMEM 的用户态异构编程接口

开发者使用一套统一申请、释放的 API，即可完成异构内存编程，无须处理内存迁移等细节。另外，在加速器 HBM 内存不足时，GMEM 可将 CPU 内存作为加速器缓存，透明地超分 HBM，无须应用手动 swap 内存。GMEM 提供高效免迁移的内存池化方案，在内存池以共享方式将其接入后，可解决数据反复迁移的痛点。GMEM 提供的用户态异构编程接口如下：

● 内存申请

GMEM 扩展了 mmap 的含义，增加了一个 MAP_PEER_SHARED 标志申请异构内存，使用时默认返回 2MB 对齐的虚拟地址。

```
addr = mmap(NULL , size, PROT_READ | PROT_WRITE, MAP_PRIVATE |
MAP_ANONYMOUS | MAP_PEER_SHARED, -1, 0);
```

● 内存释放

通过 munmap 接口释放 Host 和 Device 的内存。

```
munmap(addr, size);
```

● 内存语义

Prefetch：对于给定范围[addr, addr + size]的地址段，Prefetch 会对范围向外对齐页面大小的完整页面（覆盖整个地址段）进行预取，确保指定的异构设备在接下来对地址段发起的访问不会触发 Page Fault。

```
int GMEMPrefetch(unsigned long addr, size_t size, int hnid, void
*stream);
```

当算子在 NPU 上首次访问数据前，需要调用 prefetch 语义，并传入 NPU

的 Numa id。prefetch 会将输入数据均匀划分，由多线程并发处理。查询逻辑页表确认输入数据的虚拟地址映射在主机内存后，完成主机到 NPU 的页面迁移，然后修改逻辑页表，使其指向 NPU 内存。算子在 NPU 上运行时，不需要触发 NPU 的缺页故障就可以直接访问输入数据，减少算子执行的时间。

- 其他接口

获取当前设备的 Numa id。

```
int GMEMGetNumaid(void);
```

2）GMEM 的驱动编程接口

不同加速器厂商仅需注册 GMEM 声明的 GMMU 系列驱动编程接口，即可接入 GMEM。这样，他们可以申请统一的虚拟地址空间并建立物理页表映射，在此基础上，也可以透明地进行内存迁移，实现内存超分。借助驱动编程接口抽象层，第三方加速器很容易被接入 GMEM 系统，简化了设备适配难度。

- 虚拟地址空间管理

在异构设备中申请/释放一段 VMA 虚拟地址段。

```
gm_ret_t (*peer_va_alloc_fixed)(struct gm_fault_t *gmf);
gm_ret_t (*peer_va_free)(struct gm_fault_t *gmf);
```

- 创建页表映射

在异构设备内触发 Page Falut，如果已设置 Copy 标志，则从 Host 侧迁移数据到设备内存上。

```
gm_ret_t (*peer_map)(struct gm_fault_t *gmf);
```

- 删除页表映射

在异构设备内解除映射并释放物理页，如果已设置 Copy 标志，则从设备迁移数据到 Host 内存上。

```
gm_ret_t (*peer_unmap)(struct gm_fault_t *gmf);
```

3）基于 GMEM 的统一编程框架示例

以 NPU 为例，对比使用 GMEM 前后的异构编程模型：

```
1.    int NormalRun()
2.    {
3.    // 注册 Stream
4.        aclrtStream stream1 = nullptr;
5.        ret = aclrtCreateStream(&stream1);
6.
7.        void *device_A, *device_B, *device_C;
8.        size_t matrix_size = N * N * sizeof(aclFloat16);
9.
10.   // 申请内存空间
11.   #ifdef GMEM
12.       device_A = (aclFloat16 *)mmap(NULL, matrix_size,
      PROT_READ | PROT_WRITE, MAP_PRIVATE | MAP_ANONYMOUS |
      MAP_PEER_SHARED, -1, 0);
13.       device_B = (aclFloat16 *)mmap(NULL, matrix_size,
      PROT_READ | PROT_WRITE, MAP_PRIVATE | MAP_ANONYMOUS |
      MAP_PEER_SHARED, -1, 0);
14.       device_C = (aclFloat16 *)mmap(NULL, matrix_size,
      PROT_READ | PROT_WRITE, MAP_PRIVATE | MAP_ANONYMOUS |
      MAP_PEER_SHARED, -1, 0);
15.   #else
16.       aclrtMalloc(&device_A, matrix_size, ACL_MEM_MALLOC_NORMAL_ONLY);
17.       aclrtMalloc(&device_B, matrix_size, ACL_MEM_MALLOC_NORMAL_ONLY);
18.       aclrtMalloc(&device_C, matrix_size, ACL_MEM_MALLOC_NORMAL_ONLY);
19.   #endif
20.
21.   // 申请与算子相关的 Buffer
22.       int64_t dim[2] = {N, N};
23.       aclTensorDesc *input_desc[2], *output_desc[1];
24.       input_desc[0] = aclCreateTensorDesc(ACL_FLOAT16, 2,
      dim, ACL_FORMAT_ND);
```

```
25.        input_desc[1] = aclCreateTensorDesc(ACL_FLOAT16, 2,
     dim, ACL_FORMAT_ND);
26.        output_desc[0] = aclCreateTensorDesc(ACL_FLOAT16, 2,
     dim, ACL_FORMAT_ND);
27.
28.        aclDataBuffer *inputs[2], *outputs[1];
29.        inputs[0] = aclCreateDataBuffer(device_A,
     matrix_size);
30.        inputs[1] = aclCreateDataBuffer(device_B,
     matrix_size);
31.        outputs[0] = aclCreateDataBuffer(device_C, matrix_size);
32.
33.        aclopAttr *attr = aclopCreateAttr();
34.        aclopSetAttrBool(attr, "transpose_x1", 0);
35.        aclopSetAttrBool(attr, "transpose_x2", 0);
36.
37.    // 初始化内存
38.    #ifdef GMEM
39.        fill((aclFloat16 *)device_A, (aclFloat16 *)device_A +
     matrix_size / sizeof(aclFloat16), aclFloatToFloat16(1));
40.        fill((aclFloat16 *)device_B, (aclFloat16 *)device_B +
     matrix_size / sizeof(aclFloat16), aclFloatToFloat16(1));
41.    #else
42.        void *host_A, *host_B, *host_C;
43.        aclrtMallocHost(&host_A, matrix_size);
44.        aclrtMallocHost(&host_B, matrix_size);
45.        aclrtMallocHost(&host_C, matrix_size);
46.        fill((aclFloat16 *)host_A, (aclFloat16 *)host_A +
     matrix_size / sizeof(aclFloat16), aclFloatToFloat16(1));
47.        fill((aclFloat16 *)host_B, (aclFloat16 *)host_B +
     matrix_size / sizeof(aclFloat16), aclFloatToFloat16(1));
48.        aclrtMemcpy(device_A, matrix_size, host_A,
     matrix_size, ACL_MEMCPY_HOST_TO_DEVICE);
49.        aclrtMemcpy(device_B, matrix_size, host_B,
     matrix_size, ACL_MEMCPY_HOST_TO_DEVICE);
50.    #endif
51.
```

```
52.     // 下发算子
53.     auto start = system_clock::now();
54.     ret = aclopExecuteV2("MatMul", 2, input_desc, inputs,
1, output_desc, outputs, attr, stream1);
55.     if (ret != ACL_SUCCESS) {
56.         ERROR_LOG("Launch MatMul failed. errorCode
is %d", static_cast<int32_t>(ret));     }
57.     ret = aclrtSynchronizeDevice();
58.     if (ret != ACL_SUCCESS) {
59.         ERROR_LOG("Execute MatMul failed. errorCode is %d",
static_cast<int32_t>(ret));
60.     }
61.     auto end = system_clock::now();
62.     INFO_LOG("Launch finish, Press Enter to Continue.");
63.     getchar();
64.     auto timeUs = duration_cast<microseconds>(end -
start).count();
65.
66.     // 检查算子执行结果
67.     #ifdef GMEM
68.         INFO_LOG("check result %f",
aclFloat16ToFloat(*(aclFloat16 *)device_C));
69.     #else
70.         aclrtMemcpy(host_C, matrix_size, device_C,
matrix_size, ACL_MEMCPY_HOST_TO_DEVICE);
71.         INFO_LOG("check result %f",
aclFloat16ToFloat(*(aclFloat16 *)host_C));
72.     #endif
73.     cout << "time: " << timeUs << " us" << endl;
74.
75.     // 释放内存
76.     #ifdef GMEM
77.         munmap(device_A, matrix_size);
78.         munmap(device_B, matrix_size);
79.         munmap(device_C, matrix_size);
80.     #else
81.         aclrtFree(device_A);
82.         aclrtFree(device_B);
```

```
83.          aclrtFree(device_C);
84.          aclrtFreeHost(host_A);
85.          aclrtFreeHost(host_B);
86.          aclrtFreeHost(host_C);
87.    #endif
88.          aclDestroyDataBuffer(inputs[0]);
89.          aclDestroyDataBuffer(inputs[1]);
90.          aclDestroyDataBuffer(outputs[0]);
91.          aclrtDestroyStream(stream1);
92.          return 0;
93.    }
```

在这个代码片段中，可以看到使用 GMEM 前后有四个差异，它们都使用 #ifdef GMEM 进行了标识，分别为内存申请、内存初始化、结果读取、内存释放。

其中，差异较大的是内存初始化和结果读取的流程。我们可以清楚地看到，GMEM 减少了大量的内存拷贝操作，对于开发者而言，这能让编程变得更加简洁。

4. GMEM 的核心流程

1）系统初始化流程

如图 5-22 所示，系统初始化时，异构设备先将本地内存、MMU ops 及设备策略（如对等模式或主从模式）注册到内核内存管理模块中，然后调用内核的内存管理模块分配异构 Numa 节点 id，最后接入操作系统统一异构内存管理框架。

2）统一虚拟地址空间申请流程

如图 5-23 所示，用户进程启动时，发起 mmap 申请一段虚拟内存，同时遍历当前进程挂载的设备，对于主从设备无须额外操作；对于对等设备，首先需要在对等设备上创建协进程，和主进程绑定，然后在协进程上申请相同的虚拟地址。如果有设备节点申请失败，则继续申请另外的虚拟地址，重复流程，直到所有设备节点都申请到相同的虚拟地址。

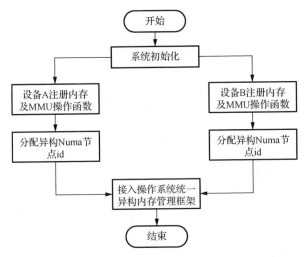

图 5-22　接入 GMEM 的系统初始化流程

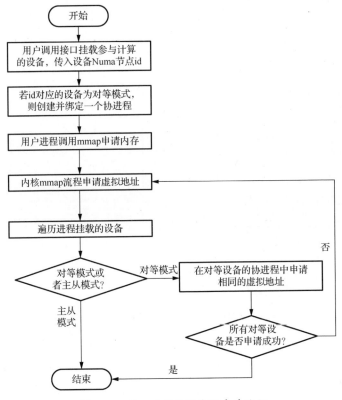

图 5-23　统一虚拟地址空间申请流程

3）访存一致性协议流程

如图 5-24 所示，当缺页设备访问虚拟地址触发缺页故障时，将缺页信息转发到主节点并查询逻辑页表。若不存在映射，则调用缺页设备注册的 MMU ops 建立映射，完成后更新逻辑页表，使其指向该设备。

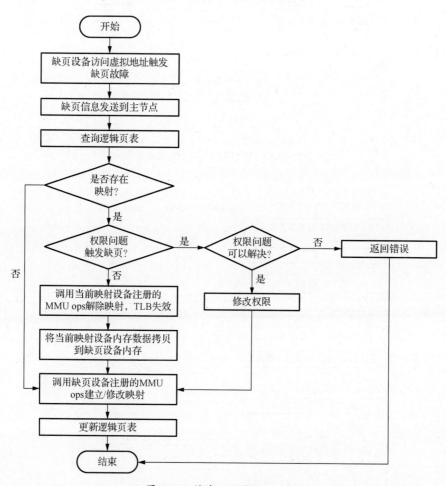

图 5-24　访存一致性协议流程

若存在映射，确认是否由于权限问题导致缺页故障，如果是权限问题，则要检查权限是否可以修改。如果权限可以修改就修改权限，然后调用缺页设备注册的 MMU ops 来修改映射；如果权限不能修改就返回错误。如果不是权限问题，则通过逻辑页表获取当前映射设备，并调用当前映射设备注册的 MMU ops 来解除映射，且将数据拷贝到缺页设备的内存中，然后调用缺页设备注册的 MMU ops 建立映射，最后更新逻辑页表，使其指向缺页设备。

4）异构内存语义使用流程

如图 5-25 所示，在用户进程初始化中，首先根据虚拟地址获取对应的设备 Numa 节点 id，然后将 Numa 节点 id（可选）、虚拟地址及使用的语义通过 hmadvise 传递到内核中。如果已传入 Numa 节点 id 参数，则调用指定该设备注册的 MMU ops 下发异构内存语义；如果没有传入 Numa 节点 id 参数，则遍历进程挂载的设备，调用注册的 MMU ops 下发异构内存语义。

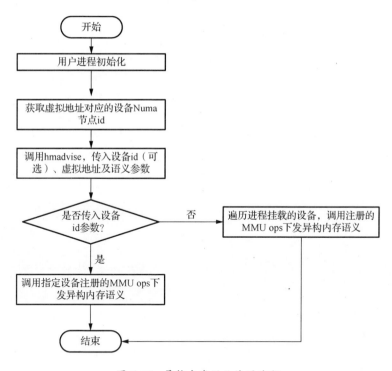

图 5-25　异构内存语义使用流程

5.2.5　GMEM 的具体应用

1. 下发算子

以昇腾 NPU 硬件平台为例，GMEM 将操作系统原有内存管理拓展为统一异构内存管理，通过逻辑页表实现访存一致性协议，支持对等模式下的统一虚拟地址编程框架，并且能够提升昇腾 NPU 算子运行的性能。

图 5-26 给出了内存访问流程中的 GMEM 组件结构图。在主机侧（主节点），用户态涉及的模块有主进程和 mmap/brk 接口；内核态涉及统一异构内存管理，包括逻辑页表、访存一致性协议和 MMU ops 接口，其中访存一致性协议需要和 MMU ops（CPU 的 MMU）及 NPU 驱动实现的 NPU MMU ops 交互。NPU 侧（对等节点）涉及的模块是设备 NPU 驱动，驱动需要管理 NPU MMU。两侧都涉及的模块有消息通道和 DMA 通道，主机内存和 NPU 内存都需要通过 DMA 通道完成数据迁移。

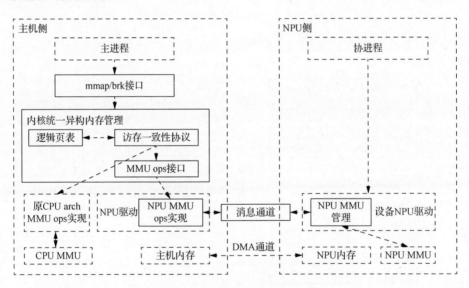

图 5-26　GMEM 组件结构

GMEM 实现了基于昇腾 NPU 的统一虚拟地址编程框架，具体实施步骤如下：

（1）启动主进程并挂载 NPU 设备创建协进程。

本步骤在初始化时，首先在主机侧启动主进程，然后将用于计算的 NPU 设备挂载到主进程上，此时会通知 NPU 侧创建协进程，并和主进程绑定，如图 5-27 所示。

（2）使用 mmap()函数申请内存。

如图 5-28 所示，本步骤在准备算子运行所需要的内存（包括输入和输出）时，使用 mmap()函数申请。mmap()函数陷入内核态后，首先申请虚拟地址，然后通知 NPU 上的协进程申请相同的虚拟地址，如果申请失败，则主进程继续申请其他的虚拟地址并通知协进程申请相同的虚拟地址，直到申请成功。

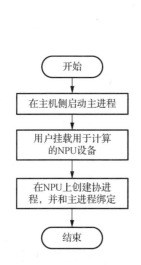

图 5-27　GMEM 进程创建流程

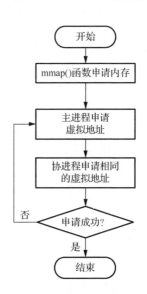

图 5-28　GMEM 内存申请流程

（3）为 NPU 算子准备输入数据。

如图 5-29 所示，初始化时，将 NPU 算子的输入数据写入申请的虚拟地址中，写入数据时会触发主机的缺页故障。当处理缺页故障时，首先查询逻辑页表，如果当前虚拟地址还未映射到物理内存，那么直接进行主机的缺页处理流程。在缺页处理流程中，修改逻辑页表使其指向主机内存。完成缺页处理后，继续写入数据。

（4）通过访存一致性协议确保 NPU 算子正常运行。

如图 5-30 所示，当算子在 NPU 上运行首次访问输入数据时，会触发 NPU 的缺页故障。NPU 驱动将缺页信息转发到主机侧，主机通过查询逻辑页表确认当前虚拟地址映射已在主机内存，由于输入数据时会由主机侧发起，在此场景中主机内存一定会存在映射，因此会把主机上的数据迁移到 NPU 上，然后调用 NPU 注册的 MMU ops 建立映射，最后修改逻辑页表使其指向 NPU 内存。

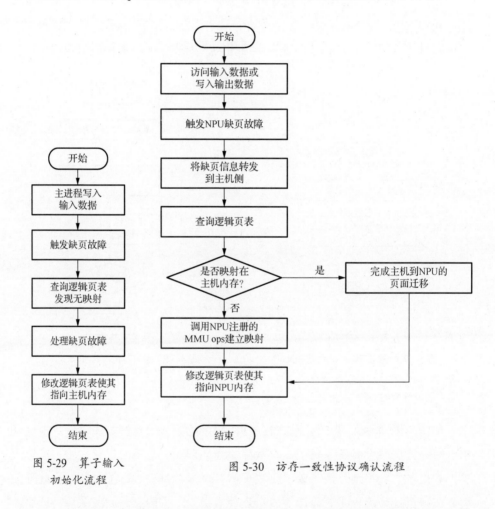

图 5-29　算子输入
初始化流程

图 5-30　访存一致性协议确认流程

还存在另外一种场景，当 NPU 上执行完算子，需要输出计算结果时，也会触发 NPU 的缺页故障，同样也会将缺页信息转发到主机侧，不同的是此时主机内存没有映射，所以会直接调用 NPU 注册的 MMU ops 建立映射，最后修改逻辑页表使其指向 NPU 内存。

（5）在主机侧读取算子运行结果。

如图 5-31 所示，在主机侧读取输出的数据时，先触发主机的缺页故障，查询逻辑页表确认当前虚拟地址已映射在 NPU 内存，完成 NPU 到主机的页面迁移，然后修改逻辑页表使其指向主机内存。

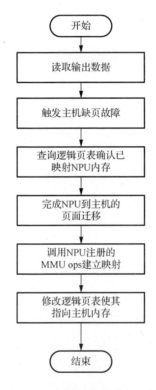

图 5-31　主机侧结果读取流程

2. 内存预取语义

执行 GMEM 内存预取语义的流程与下发算子的相似，相似的流程后文不再详细介绍。

（1）启动主进程并通过挂载 NPU 设备创建协进程。

（2）使用 mmap()函数申请内存。

（3）为 NPU 算子准备输入数据。

（4）执行 prefetch 语义。

如图 5-32 所示，当算子在 NPU 上首次访问数据时，会先调用 prefetch 内存语义，并传入 NPU 的 Numa 节点 id。prefetch 会将输入数据均匀划分，由多个处理线程并发处理。线程处理过程中会查询逻辑页表确定输入数据的虚拟地址已映射在主机内存，完成主机到 NPU 的页面迁移，然后修改逻辑页表使其指向 NPU 内存。算子在 NPU 上运行时，不需要触发 NPU 的缺页故障就可以直接访问输入数据，减少了算子执行的时间。

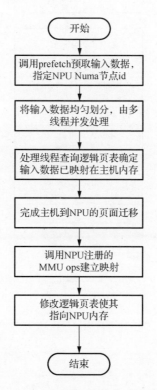

图 5-32　prefeth 语义执行流程

（5）在主机侧读取算子运行结果。

基于 prefetch 语义，GMEM 结合 MindSpore 提出了更优的解决方案。

图 5-33 所示是 NPU 上的双流 prefetch 过程，calculate stream 和 prefetch

stream 是 NPU 上的两个任务流，它们分别用于算子计算和内存下发。在第 1 个和第 2 个算子进行计算的间隙，prefetch stream 可以提前下发第 3 个和第 4 个算子需要使用的内存。通过这种方式，在大模型运行过程中，可以遮掩内存迁移带来的开销。

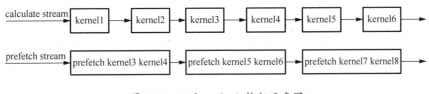

图 5-33 双流 prefetch 执行示意图

3. 页面废弃语义

结合 GMEM 的统一虚拟地址编程框架及 hmadvise 提供的页面废弃语义，实现了对高内存利用率的内存管理。以 MindSpore 为例，它在通过昇腾软件栈申请虚拟地址时，由于虚拟地址和物理内存静态映射，MindSpore 仅能使用和 NPU 物理内存大小相等的虚拟地址空间，再在此基础上进行二次管理，这就产生了内存碎片问题，严重时物理内存的利用率仅有30%。本实例可以解除虚拟地址和物理内存静态映射的限制，消除 MindSpore 内存管理过程中产生的内存碎片，将内存利用率提升至99%以上。

图 5-34 给出了执行页面废弃语义时的组件结构。在 MindSpore 框架内部，内存管理模块接入统一虚拟地址编程框架，并使用页面废弃语义完成物理内存的释放。

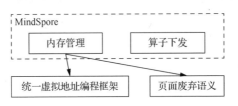

图 5-34 MindSpore 组件结构

MindSpore 在初始化时的申请内存流程和下发算子的相同，后续主要的实施步骤如下：

如图 5-35 所示，MindSpore 下发算子前，首先需要从内存池中申请内存用于算子运行，由于内存池基于统一虚拟地址空间实现，不受限于 NPU 的物理内存大小，所以申请虚拟地址总能成功。此时，需要统计已经使用的内存是否大于设定的水线，如果大于，那么需要对缓存下来的被释放内存使用页面废弃语义，释放物理内存，直到满足水线或者将所有缓存都释放完为止；否则，就继续执行。然后执行算子，在算子运行结束后，释放申请的内存并缓存在内存池中，它们可以复用或者被真正释放。缓存的内存会定期通过异步调用页面废弃语义来释放。

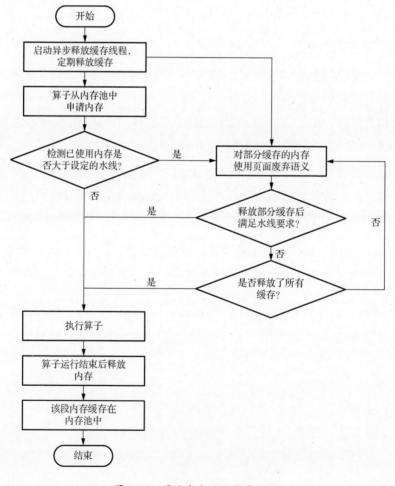

图 5-35　页面废弃语义主要流程

4. 内存超分

GMEM 实现了主机内存和异构设备内存复用，通过内存复用机制实现了对 NPU 卡的内存超分。内存超分能够突破模型参数受限于异构设备内存大小的限制，实现低成本的大模型训练。

加速器之所以要进行内存超分，有两个原因：

- 加速器为了拥有高带宽内存，内存容量往往很低，而应用对内存的需求可能远超加速器的容量，此时就需要内存超分能力去运行更高内存需求的应用。

- 应用可能会随机、频繁地分配或释放内存，从而导致 OOM 问题。此时就需要内存超分能力来避免系统崩溃。

针对以上场景，GMEM 实现了两种超分方案。

同步按需超分：在内存申请流程中，由内存不足导致内存申请失败时，会触发同步按需超分。

在这种同步的超分流程中，内存申请会比较慢，因此加速器的内存超分主要依赖异步流程。

异步水线超分：进行异步水线超分的原因是，加速器需要为任何时刻突发到来的内存申请提供足够的内存，以便可以快速响应内存申请，而此时如果还需执行一遍超分流程，就会导致内存申请过慢。

下面详细介绍这两种超分方案。

如图 5-36 所示，GMEM 内存超分的组件结构和下发算子的基本相同，仅在 NPU 侧增加了 NPU 内存回收模块。其具体实施步骤如下：

步骤一：NPU 内存换出（回收）流程。

如图 5-37 所示，当需要回收 NPU 物理内存时，首先根据冷热淘汰策略，从链表中摘取 NPU 的物理页。然后按照页颗粒度，先在主机上申请物理页，然后完成选中的 NPU 物理页到主机的页面迁移，最后更新逻辑页表使其指向主机内存。

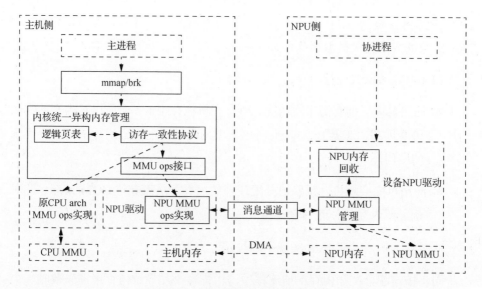

图 5-36   GMEM 内存超分组件结构

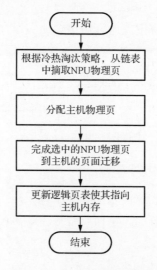

图 5-37   NPU 内存换出流程

以上操作可以将部分 NPU 物理内存的数据暂时存储在主机内存中，释放 NPU 物理内存给 NPU 算子运行使用。当后续被换出的数据再次被 NPU 算子访问时，会触发 NPU 的缺页故障，缺页的处理流程和下发算子流程中的相同。

步骤二：NPU 内存超分流程。

如图 5-38 所示，当 NPU 算子运行触发缺页故障时，首先需要申请 NPU 物理内存。如果申请失败，则执行步骤一回收 NPU 内存；如果申请成功，则需要判断当前 NPU 剩余内存是否大于水线，如果小于水线就唤醒异步线程执行步骤一回收 NPU 内存。然后将申请的物理页记录在链表中，继续处理缺页故障。异步线程会一直存在，直到 NPU 上剩余的内存大于预设的阈值。

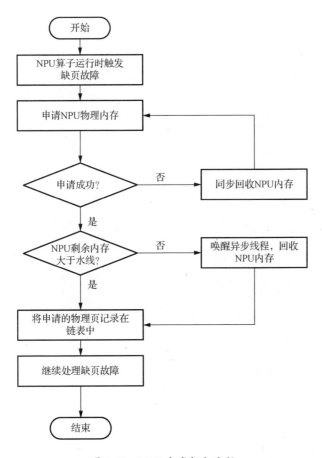

图 5-38　NPU 内存超分流程

5.2.6　openEuler 当前实现

异构融合内存的全部特性已在 openEuler 社区创新分支 openEuler-23.09 内核开源实现，如需尝鲜使用异构融合内存特性，可以联系社区维护人员获取软件包。

未来我们会在 openEuler LTS 版本中支持异构融合内存特性，同时也会将异构融合内存特性加入昇腾官方软件包，增加软件的易用性，敬请期待。

5.3　异构融合存储

随着硬件技术的发展，各种类型的存储硬件开始涌现，特别是内存型的存储设备，例如自旋力矩转移 RAM（STT-RAM）、相变存储器（PCM）、电阻式 RAM（ReRAM）、3DXPoint。与此同时，未来 CXL 等内存语义互联技术使得大量存储设备支持内存语义。新型持久存储介质如 3DXPoint 和基于 CXL 的固态硬盘（Solid State Disk，SSD）正在引领存储架构的变革。这些技术的发展标志着存储系统将从传统的内存块设备结构逐步过渡到全内存体系结构。

典型的异构内存架构包含一个快速、易失性、小容量的存储层［如动态随机存取存储器（Dynamic Random Access Memory，DRAM）］和一个慢速、非易失性、大容量的存储层（如持久内存）。这种分层的设计旨在平衡访问性能、存储容量和成本，这为存储系统的设计和优化带来了新的挑战，因为不同类型的内存在多个方面表现出显著的异构性。

- 延迟差距——DRAM 提供了极低的访问延迟，通常在几十纳秒级别，这使其成为处理高速缓存和即时计算任务的理想选择。相比之下，持久内存技术，如 3DXPoint，虽然相比于传统磁盘存储具有更低的延迟，但其延迟可能从几百纳秒到几千纳秒不等，这限制了在延迟敏感的场景下持久内存直接替代易失内存。

- 带宽差距——DRAM 的高带宽特性使其能够支持大量数据的快速传输，这对于需要处理大量并行任务的应用程序至关重要。然而，尽管非易失性存储通常能达到每秒几吉字节，但是这与 DRAM 每秒几十吉字节相比仍有较大差距。

- 并发差距——易失内存具有良好的并发性，但是在持久内存上，受限于硬件和互联特性，往往仅能支持少量并发访问。例如，单个 Intel Optana 持久内存仅能支持 4 个左右的并发访问，当并发量继续增加时，持久内存的吞吐量和带宽不再增加，甚至会劣化。

- 能耗差距——除了性能指标，不同类型的内存在能耗方面也存在差异。DRAM 通常具有较高的能耗，而新型持久内存技术旨在提供更低的每比特能耗，这对构建能效比高的系统非常重要。

- 成本差距——成本是设计存储系统时需要考虑的一个重要因素。DRAM 虽然性能优异，但其成本相对较高，特别是对于大规模部署。持久内存技术提供了一种成本效益更高的存储解决方案，尽管其单位成本可能高于传统磁盘存储。

- 数据持久性——持久内存的一个关键优势是，其数据持久性。与易失内存不同，即使在电源故障的情况下，持久内存也能够保证数据不丢失，这使得它们更适合用于需要高可靠性的应用。

总之，异构内存架构为存储系统的设计带来了新的机遇和挑战。通过深入理解不同内存技术的特点，并创新开发数据管理策略和系统，可以在这个多元化的存储世界中实现性能的最大化。

5.3.1　存储软件架构面临的挑战

异构内存架构为文件系统设计者提出了一个重要问题：如何设计一个存储框架，它既能充分利用不同存储设备的特性，又能提供一个统一、高效、可靠的数据访问接口。

先看看传统的存储系统架构如何解决这个问题，如图 5-39 所示，其发展主要分为四个阶段。

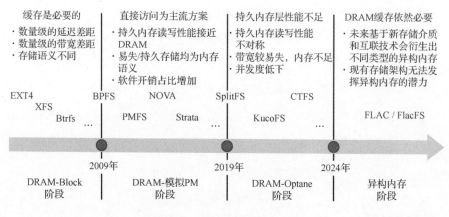

图 5-39　存储架构演进历史

在 DRAM-Block 阶段，易失存储层和持久存储层之间存在巨大的性能差异，同时存储硬件具有不同的语义（Load/Store 语义和块语义），因此在该阶段使用 DRAM 作为缓存是主流的做法。此阶段主要的设计方案是，基于 VFS 的页缓存。EXT4、XFS 和 Btrfs 等传统文件系统通常依赖于 VFS 页缓存提高数据访问性能。在这种设计中，文件数据被缓存在 DRAM 中，从而减少对慢速存储设备的访问次数。页面缓存通过预读取（read-ahead）和延迟写入（write-behind）等技术，优化了数据的读取和写入操作，从而提高了整体性能。

随后，持久存储硬件被提出，但是由于还没有量产硬件，研究人员使用 DRAM 来模拟持久内存设备，此时进入 DRAM-模拟 PM 阶段。由于易失存储和持久存储之间的性能差异大幅缩小，该阶段的存储系统普遍认为缓存会引入大量的软件开销。因此，许多系统采用 DAX（Direct Access）的方式进行设计，即全部/部分跳过 DRAM 缓存，直接操作持久内存。DAX 是一种区别于 VFS 页缓存的设计，它允许文件系统无须经过页面缓存而直接访问持久存储设备。相比于 VFS 页缓存的方案，DAX 可以减少数据复制和缓存的数据管理的开销，从而降低文件系统中的软件开销。

在第三个阶段，在真实持久内存硬件量产之后，人们发现其性能和模拟方案存在不小的差距，例如其读写性能存在不对称性、并发度低（较 DRAM）等，这使得 DAX 方案变得不适用。

在第四个阶段，随着新型内存语义互联技术（如 CXL）和多样存储硬件的发展，存储架构开始进入多样的异构内存时代，正如上面分析的一样，传统的 VFS 页缓存和 DAX 架构对于异构内存都不是最佳的选择。

综上，随着存储介质的多样化，例如，对于非易失性存储器（如 3DXPoint 或 NVDIMM），页面缓存可能无法完全发挥其优势，因为这些设备本身就具有较低的访问延迟和持久存储特性。而 VFS 页缓存过于厚重，使得软件开销的占比显著增加。DAX 方案也由于读写性能和并发读的问题，变得不适用。

因此，在异构内存上构建高效的存储系统面临两大挑战：一是如何高效利用不同的内存介质；二是如何高效地在异构内存介质中进行数据迁移。为此，我们提出了一个面向异构内存的缓存框架。

5.3.2　异构内存缓存框架

下面介绍扁平缓存（Flat Cache，FLAC）框架，该框架是华为公司和上海交通大学共同提出的，相关内容在计算机系统领域顶级会议 FAST'24 上发表。其核心思路是，将虚拟内存子系统和缓存系统协同设计，从而充分发挥缓存系统在异构内存架构上的潜力。FLAC 框架融合了多层内存，向上暴露一段连续的虚拟内存地址，这个地址段覆盖的空间被称作 FLAC 空间，其大小等同于系统中可用的持久内存大小。FLAC 空间可以作为异构内存文件系统的数据存储区使用，它为文件系统开发人员提供一个统一的虚拟内存地址空间，对上隐藏了页面所在的物理位置。文件系统开发者通过使用 FLAC 提供的接口进行开发，其用法类似于使用传统的共享内存。FLAC 框架使用了零拷贝的方法在应用程序与 FLAC 空间之间传输数据，这种方法避免了不必要的数据复制，从而提高了数据传输的效率。同时，为了在易失内存和持久内存之间同步或迁移数据，FLAC 框架进行了机制优化，进一步提升了数据管理性能。

如图 5-40 所示，FLAC 框架的设计和实现为异构存储系统提供了一个高效、灵活的缓存框架，简化了文件系统开发者的工作，还为整个系统的性能优化奠定了坚实的基础。

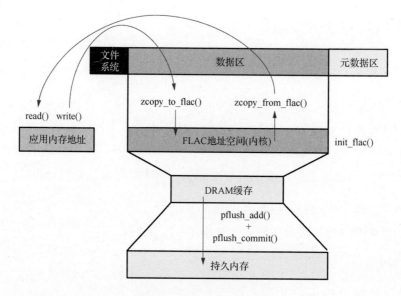

图 5-40 扁平缓存框架架构

FLAC 框架提供以下几个核心 API：

- FLAC 空间初始化接口［init_flac()］：该接口的作用是初始化给定的持久内存，将其绑定到 FLAC 空间（内核虚拟地址），用于文件数据存储。如果在该持久内存上已经创建了 FLAC 空间，则重用已有的 FLAC 空间。

- 缓存零拷贝接口［zcopy_to_flac() / zcopy_from_flac()］：基于 FLAC 实现的文件系统通过调用这两个 API 来进行用户态和内核态之间的传输数据，利用它们实现文件的读写操作，用法类似于传统内核文件系统中的 copy_to_user 和 copy_from_user 操作。

- 原子刷写接口［pflush_add() / pflush_commit()］：它们用于显式地将易失内存中的脏数据刷新到持久内存中，文件系统开发者可以使用这些接口定制灵活的数据刷写策略。其大致的使用方法是，先使用 pflush_add 将脏页添加到刷新句柄，一个刷新句柄可以包含多个操作。然后调用 pflush_commit 将句柄中的数据原子地刷新到持久内存。

● FLAC 空间回收接口［pfree()］：当 FLAC 中的数据在文件系统中被删除
（如删除文件）时，开发者可以通过调用此 API 原子地回收一段 FLAC
空间。它会令易失内存和非易失内存上的页面失效，同时移除相关的
页表映射。

1. 零拷贝缓存机制

FLAC 框架首先提出一种面向异构内存的页表结构，如图 5-41 所示，它通
过定制一个内核页表的子表来维护 FLAC 空间，包括一个或多个 PUD。该异构
页表表示一段连续的内核虚拟内存地址范围，其大小等于可用的持久内存大小。
在 FLAC 空间中，页面在易失内存和非易失内存的位置对于在其上面运行的文
件系统是透明的。在异构页表上，当页面被缓存或淘汰时，页表中索引的地址
会被动态映射到易失内存或持久内存，在页表项（Page Table Entry，PTE）中
使用一个位指示页面的位置。与此同时，属于 FLAC 空间的 PTE 会被同步到持
久内存中，用于故障恢复。异构页表统一了缓存和持久化存储的页索引，简化
了缓存的访问和管理。

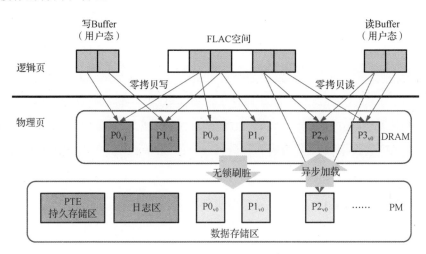

图 5-41　FLAC 框架总体架构

在 FLAC 框架的总体架构中，持久内存被分为三个区域：

（1）PTE 持久存储区：它记录了虚拟地址和持久内存页之间的映射信息。

异构页表的所有 PTE 都在 PM 上存在镜像备份，当一个页从 DRAM 刷新到 PM 时，FLAC 会将 PM 设备中的相关偏移记录到持久化 PTE 中，以备恢复。

（2）日志区：当调用持久内存数据修改相关的 API（pflush_commit/pfree）时，FLAC 级别（如持久 PTE）和文件系统级别元数据（如 inode）的修改会被组织为一个日志条目并持久化存储到日志区。

（3）数据存储区：包含多个 4KB 的块，用于文件数据存储。在数据被刷写时，数据页将持久存储于此区域中。

这里提出了一种新的称之为页面 Attach 的虚拟内存管理操作接口来实现 FLAC 空间和用户态空间之间的零拷贝。该操作包括四个参数：源地址、目的地址、待传输数据的大小及权限模式。

```
页面附属 API：attach (to_addr, from_addr, size, pmode)
```

页面 Attach 是将源地址（from_addr）的页面以给定的大小映射到目的地址（to_addr）。权限模式参数（pmode）允许用户在页面 Attach 后对源地址和目标地址设置权限。

页面 Attach 首先搜索源地址和目标地址的 PTE，然后将源地址的物理页映射到目标地址，同时还会设置权限和页引用计数器，最后通过刷新 TLB 来保证页表的修改生效。特别的，如果源地址没有关联到任何物理页，那么页 Attach 操作将被终止并返回错误；如果目标地址已经被映射到物理页（如覆盖写的场景），FLAC 会将旧物理页的引用计数减一，而当物理页的引用计数为 0 时，它会被内核的内存子系统回收。

应用程序和 FLAC 空间之间零拷贝数据传输 API（zcopy_from/to_flac）的实现，主要是因为封装了页面 Attach 操作。由于在执行页面 Attach 后数据会从用户态/内核态页面变成内核态/用户态页面，为了提供和传统拷贝方式一致的数据安全性，零拷贝 API 会将被操作的源 PTE 和目的 PTE 均设置为只读。这意味着后续对这些页面的写操作会透明地触发写时拷贝（Copy-On-Write，COW）缺页中断，从而保证应用内部的内存操作不会影响已经映射到全局缓存和其他应用的数据。在读场景下，受益于异构页表，无论页面数据是否在 DRAM 中，它们都可以通过页面 Attach 直接映射到用户态地址而无须等待数据从持久内存加载，FLAC 设计了异步缓存缺失处理机制来实现这一技术（在后续章节介绍）。

2. 并行优化的缓存管理

基于零拷贝的设计，页面在缓存中可能存在多个版本，因此 FLAC 需要一个新的缓存管理机制来实现多版本控制。同时，该机制需要保证较低的软件开销。现有的缓存框架在执行缓存刷新和缓存缺失处理时都有很大的同步和迁移开销。一方面，缓存刷脏会锁定脏页直到它们被完成持久存储，这会阻塞前端写入并显著降低性能。另一方面，缓存未命中处理流程会阻塞 I/O，直到页面被加载到 DRAM 缓存。FLAC 的页面多版本特性和异构页表设计，使得其能够充分释放数据在同步/迁移和关键 I/O 路径之间的并行性。下面通过以下几种技术对缓存机制进行优化：

1）两阶段刷脏

FLAC 将缓存刷脏分为两个阶段：收集阶段和持久化阶段，分别对应 pflush_add 和 pflush_commit 两个 API。文件系统开发者通过调用 pflush_add 进行脏页收集，该阶段会将给定的脏页添加到一个刷脏句柄，该句柄分配一个新的虚拟内存地址空间作为临时刷新缓冲区，并将脏页映射到该地址上。收集阶段需要对相应的页面上锁，以防止并发写入操作对目标页的内容进行修改。随后，文件系统通过调用 pflush_commit 来执行脏页持久化，该阶段会将刷脏句柄中的脏页持久化到持久内存。需要注意的是，因为临时缓冲区不会被并发访问，因此持久化阶段无须上锁。由于收集阶段的页映射比持久化阶段的跨层复制快得多，因此两个阶段的刷新机制大大减少了刷脏对并发写入的阻塞时间。此外，FLAC 采用日志机制来保证持久化阶段的操作是原子的。

2）异步缓存未命中处理

缓存未命中对写操作的影响较小，因为在页面对齐的情况下不需要将页加载到缓存中。缓存未命中对读操作的影响较大，因为数据需要先被加载到缓存方能返回给用户态进程。得益于异构页表，FLAC 可以使用页面 Attach 直接将位于持久内存上的页面映射到用户态的读缓冲区，然后立即返回。之后，FLAC 会触发并异步页面加载来处理缓存未命中。FLAC 中的后台线程负责将未命中的页面加载到 DRAM，并将 FLAC 空间和指向这些未命中页面应用程序缓冲区的 PTE 重新映射到缓存的 DRAM 页面。此外，在页面加载到 DRAM 之前，页面的数据可能已被修改，从而触发 COW 缺页，这意味着它在 DRAM 中具有最新版本。异步缓存未命中处理机制会检查页面在 DRAM 中是否已经有新版本，如果有则不执行页面加载。这种设计使得处理缓存未命中的开销被分摊到后台，从而降低 FLAC 空间上数据访问的延迟。

3）缓存策略

FLAC 空间的大小等于可用的持久内存大小，但 DRAM 缓存空间是可按需配置的。由于零拷贝的设计天然带来的去重优势，因此同时映射到 FLAC 空间和应用缓冲区映射的页面被视为进程内页面，不占用缓存空间。我们在原型中设计了一种简单的缓存策略，它使用 Round Robin 的方法来选择要驱逐的页面。当然，该缓存算法也可以替换成更加先进的缓存算法，如 ARC 等。为了简单起见，页面状态只有满足两个条件时才会被驱逐。首先，页面是干净的，即已经通过后台刷脏或者 fsync 同步到持久内存上。其次，页面的引用计数器值为 1，这表示该页面只被 FLAC 空间映射而没有被任何应用程序使用。在页面被驱逐到 PM 后，FLAC 空间的目标 PTE 将被重新映射到持久内存的页面上，而 DRAM 缓存中的页面将被回收。与传统的页面缓存相比，FLAC 的多版本特性不会产生额外的空间开销。

5.3.3   异构融合文件系统

在 FLAC 的基础上，进一步实现了一个文件系统 FlacFS 来展示 FLAC 的用法和优点。如图 5-42 所示，FlacFS 是一个通过内存语义实现的用户态文件系统，主要包含三个部分：元数据管理、数据管理和安全与一致性机制。

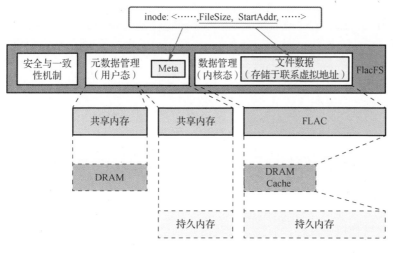

图 5-42 FlacFS 总体架构

下面详细介绍这三个部分。

1. 元数据管理

元数据区域被映射为用户空间上的传统共享内存。它包括 DRAM 和持久内存两个独立的虚拟内存地址空间。目录和文件的元数据（inode）被视为 Kache-Value 对，并将目录和文件的完整路径作为键存储在共享内存的 inode 哈希表中。同时，inode 表会同时被存储在 DRAM 和 PM 上来加速元数据操作。元数据操作会立即在 DRAM 中的 inode 表中执行，并在相关文件的脏数据被后台刷写或用户调用 fsync 时刷新到持久内存的 inode 表中。

FlacFS 在 FLAC 空间上为每个文件分配连续的虚拟内存地址来存储数据，而 inode 表只需要记录起始虚拟地址和文件大小即可。FlacFS 使用了一个类似于伙伴的分配器进行文件数据的空间分配。当文件变大时，分配器会先为其分配一个新的连续虚拟地址空间，然后将页面（现有的和新的）映射到新的虚拟地址，最后回收旧的虚拟地址。这种设计允许 FlacFS 利用 MMU 来加速页面索引而不需要复杂的索引结构。

2. 数据管理

文件系统的数据区被构建在 FLAC 空间上。对于 FlacFS 来说，它表现为一段连续的内核虚拟内存地址，而在 FLAC 空间上的数据会被透明地缓存。

文件读/写：成功打开文件后，FlacFS 通过 inode 表中记录的文件起始虚拟地址和偏移量计算出请求在 FLAC 空间上的目标地址范围。随后通过 zcopy_from_flac()函数和 zcopy_to_flac()函数分别实现对文件系统的读和写，这使得文件系统和应用程序之间的数据传输是零拷贝的。

后台刷脏：FlacFS 周期性（默认为 10ms）地启动一个后台线程来遍历打开的文件，并将脏页和相关的元数据刷新到持久内存。它使用 FLAC 的两阶段刷新机制来实现高效的数据同步。对于每个脏文件，FlacFS 会先为其创建一个刷脏句柄，并根据每个文件的脏位图收集脏页，然后使用 pflush_add 将它们添加到句柄。脏页收集完成后，FlacFS 调用 pflush_commit 将脏数据原子性地持久化到持久内存上。

文件同步：与传统文件系统类似，FlacFS 通过提供 fsync 语义让用户显示地将数据从缓存刷新到持久内存。FlacFS 使用两阶段刷新机制来同步 fsync 中的脏数据，这与后台刷新类似。FlacFS 遵循传统的 fsync 语义，即必须在数据持久化之后才返回。

3. 安全与一致性机制

文件数据存储在内核态，由于它们受内核权限的保护，用户态的应用程序只能通过 syscall/ioctl 来访问内核态的文件数据。在访问过程中，内核态始终以只读方式把数据映射到应用程序，这可确保应用程序的操作不会影响缓存中的数据和其他持有该页面的应用程序。元数据安全可以通过使用用户空间安全机制或将元数据管理放在内核中来解决。例如，可以利用现有系统的机制来保证元数据的安全，即使用 MPK 对元数据区进行保护，只有应用程序需要访问元数据时才打开访问权限。

5.3.4　openEuler 当前实现

本小节介绍 FLAC 异构内存缓存框架和在该框架之上设计的 FlacFS 的实现。

表 5-2 所示为 FLAC 框架当前提供的核心 API。

表 5-2　FLAC 框架核心 API

接口	参数	功能
init_flac	pm_path：持久化内存设备的路径	初始化 FLAC 的存储空间并绑定指定的 PM。如果 FLAC 在 PM 上已经初始化，则将 FLAC 恢复到最近的状态
zcopy_to_flac zcopy_from_flac	from_addr：源地址。 to_addr：目的地址。 size：数据大小	实现 FLAC 的存储空间与应用 BUF 之间的零拷贝传输
pflush_add	pflush_handle：刷脏时的地址，脏页会以只读的形式映射到这个 BUF 上。 addr：脏页的起始虚拟地址。 size：脏页的大小	刷脏的第一阶段的工作，将文件的脏页以只读的方式映射到一个临时 BUF 上，这个BUF 叫作 pflush_handle，它在第二阶段会用到
pflush_commit	pflush_handle：刷脏时的地址，脏页会以只读的形式映射到这个 BUF 上。 fs_metalog：要更新的元数据信息	将 pflush_handle 指向的脏页刷新到 PM 的存储空间上。文件系统可以使用fs_metalog 参数来确保刷脏时文件系统的元数据一致性
pfree	addr：要回收的 FLAC 空间的起始地址。 size：要返回的 FLAC 空间大小。 fs_metalog：要更新的元数据信息	用于回收指定范围的 FLAC 空间，会解除地址范围内与 DRAM/PM 上物理页的映射关系

FlacFS 文件系统支持核心的文件操作，包括文件的读、写、创建、删除、打开、关闭、文件脏数据主动同步等接口，与 Linux 对应的函数接口兼容。

如果要了解更多相关信息，感兴趣的读者可以在 openEuler 异构融合 SIG中进行交流和讨论。

5.4　异构在网计算

5.4.1　技术背景

异构融合场景下的在网计算（In-Network Computing）子系统关心的主要内容是，将数据通路上的计算卸载到可编程网络硬件上的相关技术。在网计算是一种在网络硬件中执行计算负载的技术。在网计算利用可编程交换机、FPGA、智能网卡等可编程网络硬件，将计算从 CPU 卸载到网络硬件中执行。在网计算有时也被称作网内计算。

近年来，在网计算技术成为研究热点。尽管在网计算技术的雏形可以追溯到二十年前，近年来若干原因让这一技术重新获得关注。其中较为关键的两个原因：一是近年来网络速度的增长和 CPU 运行速度的增长的不匹配赋予了在网计算技术新的价值；二是软硬件技术的发展使得修改网络硬件功能的难度越来越小，进一步推动了这一领域的相关研究。

促进在网计算技术发展的原因之一是，计算机网络速度的增长远远高于 CPU 网络数据处理的增长。目前，在数据中心中，100Gb-s 的网卡已经得到了广泛使用，半导体厂商还在继续研发更快的网卡。近年来，光电共封装技术飞速发展，预计 800Gb-s 及速度更快的网卡也将会很快面世。与计算机网络连接速度的快速增长相比，CPU 运行速度的增长相对有限。越来越多的网络数据让本该用于处理复杂计算逻辑的 CPU 资源消耗在处理网络请求上。研究者试图通过软件优化和硬件优化两种方式来解决这一问题：

- 软件方面的创新聚焦于优化 CPU 网络数据处理软件的效率。例如，Linux 内核的轮询式网络 API 和以 DPDK 为代表的零拷贝驱动均属于基于软件的解决方案。

- 硬件方面的创新则更有希望彻底解决 CPU 速度增长慢于网络速度增长的问题。硬件创新同时发生在 CPU 和网络硬件上。在 CPU 端的一个创新案例是 Intel 的 DDIO 技术，这种技术能够直接将网络数据写入 CPU 缓存，以降低其计算负载。在网络硬件端的创新是制造能够卸载计算逻辑的网络硬件。在网计算技术通过将 CPU 中的计算卸载到网络硬件中来提高系统的整体性能。

促进在网计算技术发展的另一个原因是，可编程网络硬件相关技术的发展。早在 19 世纪研究者就认为将部分计算卸载到网络硬件中能够提高系统的性能，但是在当时的技术条件下实现计算卸载需要重新设计并制造芯片，因此在网计算被认为是一种开销大于收益的技术。随后为应对云计算时代日趋复杂的计算机网络配置问题，市场上出现了软件定义网络（SDN）技术。为 SDN 技术设计的网络硬件已经支持运行简单的程序，P4（Programming Protocol-independent

Packet Processors）就是一种被广泛应用于编程网络硬件的语言。近年来，可编程网络硬件进一步发展，内嵌了可编程计算单元的智能网卡，开始大规模应用。智能网卡中的计算单元可以是被称为流处理器的高度定制化的 CPU，也可以是大规模可编程逻辑门阵列。这两种计算单元都支持运行比早期 SDN 硬件更为复杂的计算逻辑，这使得可被卸载的计算负载种类大幅增加。目前，在网计算重获关注，许多研究者都在围绕这一话题开展新的研究。

在网计算的概念在若干年前已经存在。研究人员早在 19 世纪就尝试将一些计算机网络协议的处理逻辑从操作系统代码中移出，让网络硬件负责执行计算。目前主流计算机所支持的 TCP 校验和卸载与数据流分段卸载功能可以看作在网计算的一种简单形态。在很长一段时间内在网计算的发展非常缓慢，主要原因有两点：一是若干年前，计算机网络的速度相对较慢，将计算逻辑迁移到网络硬件中的收益十分有限；二是在网络硬件中执行计算逻辑相当困难。

在网计算作为一种异构计算解决方案，其应用的广泛程度尚不及基于通用图形处理器的解决方案。造成这一现象的原因包括新型可编程网络硬件面世的时间较短、标准化程度低等。目前，在网计算所处的发展时期，类似于历史上图形处理器向通用图形处理器过渡的时期。支持软件定义网络的网络硬件恰如那些仅支持计算机图形学算子的通用处理器：它们具有一定的可编程性并在一个特定的领域中展现出极佳的性能优势；它们有潜力解决另外一个领域的问题，但是却需要付出诸多额外的代价。目前，许多研究者都在尝试抽象出一套统一的、简明的接口来支持在网计算应用的开发。

在网计算的第一个性能优势是低延迟，在某种程度上它属于一种近数据计算。在处理大量数据的情况下，数据的读写极有可能成为系统的瓶颈。因此，在接近数据的地方插入计算逻辑，降低数据迁移引入的额外延迟成为一个流行的研究方向。在内存中完成计算的研究被称为存内计算（Near Memory Processing）；在持久化磁盘中完成计算的研究被称为计算存储（Computational Storage）；在网络硬件中完成计算则是本节表述的在网计算。这些技术的底层逻辑类似，都是通过在接近数据的地方插入异构硬件来执行计算逻辑，以减少 CPU 反复将数据在不同存储硬件间搬运带来的额外延迟。在网计算的好处还包括缓解了内核旁路（Kernel Bypass）和零拷贝（Zero Copy）试图解决的操作系统内核引入额外延迟的问题。

在网计算的第二个性能优势是吞吐量大。吞吐量是数据包处理速率的属性。网络硬件处理速度高达每秒 100 亿个数据包，因此可以支持每秒数十亿次的操作。在大多数情况下，在共享资源上竞争时，即使一个操作暂停，其他数据包的处理并不会受影响。使用网内计算实现的应用程序与基于 CPU 的同类产品相比，性能可以提升几个数量级。

在网计算的第三个好处是低功耗，特别是那些基于可编程逻辑门阵列实现的在网计算方案。在同等功率的情况下，可编程逻辑门阵列几乎总能提供最佳的计算性能。在数据解压缩、数据读取等工作负载上，一些研究已经证明了：基于可编程逻辑门阵列的解决方案的能效比是 CPU 的五倍；在深度学习的相关工作负载上，可编程逻辑门阵列能够提供十倍于通用 GPU 的能效比。

5.4.2　可编程网络硬件

可编程网络硬件主要包括基于通用处理器的可编程网卡和基于 FPGA 的可编程网卡。

1. 基于通用处理器的可编程网卡

基于通用处理器的可编程网卡是一种灵活的网络接口卡，能够在保持高性能的同时，提供定制化的网络处理能力。这类网卡通常使用标准的 CPU（如 x86 或 ARM 架构）作为其核心处理器，这使得它们能够运行标准的操作系统和中间件，从而方便开发者利用常规的编程技术来实现复杂的网络功能。由于使用了通用处理器，这种网卡在处理网络流量时可以非常灵活地调整其功能，支持多种网络协议和服务，如流量管理、安全策略执行、数据包过滤和网络监控等。

基于通用处理器的可编程网卡可以充分利用现有的软件生态系统，包括各种库和工具，这些都可以帮助简化网络应用的开发和部署。例如，开发者可以使用 Python、C 或 Java 等高级语言来编写网络应用，无须深入了解硬件语言或专门的网络编程技术。这种灵活性使得基于通用处理器的可编程网卡非常适合于快速发展和频繁变化的网络环境，如数据中心和云计算平台，其中网络配置和服务需求可能会频繁变化。

各厂商都针对自家业务场景和服务对象，推出各自的基于通用处理器的可编程网卡方案。

NVIDIA 通过收购 Mellanox Technologies，加强了在高性能网络解决方案领域的布局。Mellanox 的网卡，如 ConnectX 系列和 BlueField 数据处理单元（DPU），支持可编程和高度集成的网络处理功能，广泛应用于数据中心和人工智能计算。

英特尔（Intel）长期关注可编程网卡领域，例如其在第四代和第五代处理器内置了 QAT（Quick Assist Technology）技术，用于卸载计算密集型工作负载以降低 CPU 占用率，从而显著提升网络和存储应用的性能。此外，英特尔的网卡支持广泛的网络优化技术，如 DPDK（Data Plane Development Kit，数据平面开发套件）等，可以显著提升网络数据的处理效率。

2. 基于 FPGA 的可编程网卡

大规模可编程逻辑门阵列（FPGA）是一种特殊的集成电路，用户可以使用硬件描述语言来定义 FPGA 上的数字电路逻辑，进而实现一定的计算逻辑。FPGA 的主要优势在于，其可以根据专有的硬件结构来完成计算需求，在特定场景下能够获得比专有计算硬件更高的吞吐量和更低的延迟。另外，FPGA 芯片在早期主要被应用于通信领域，因此一般配备高性能的输入/输出接口。综合上述几个原因，FPGA 被广泛应用于实现在网计算技术上。

AMD 通过收购 FPGA 制造商 Xilinx，一举成为 FPGA 可编程网卡领域的领导者。基于 FPGA 的可编程网卡的定制化程度极高。AMD 开源了 OpenNIC 项目，其中包含一套可以在 FPGA 上运行的网卡硬件描述，以及与硬件相匹配的操作系统驱动和 DPDK 驱动，用户可以根据实际的需求，直接修改网卡中的硬件以实现特定场景下的提效。传统的 FPGA 使用 Verilog/VHDL 等硬件描述语言（HDL）定义逻辑。HDL 对于大多数软件工程师来说较为陌生，为了降低 FPGA 智能网卡的编程难度，AMD 推出了 Vitis 软件开发套件，允许用户通过高层次综合（High Level Synthesis, HLS）编译器，使用 C++这样的高级语言定义 FPGA 的逻辑功能。基于 HLS 开发能显著降低 FPGA 的编程难度，但是和传统的软件开发仍然有较大区别。缺少标准化、通用化的编程接口是导致 FPGA 智能网卡部署规模较小的重要原因。

基于 FPGA 的在网计算技术的一个典型应用是加速键-值存储系统。加速键-值存储系统的接口相对简单，最为核心的接口仅有 GET 和 PUT，分别用于获取一个键对应的值和为键设置一个值，因此有较多研究将其作为在网计算技术加速的目标，包括 KVDirect、FLOEM、INCA 等。此类研究的共性是，它们利用了异构硬件的存储和计算能力，写入时将值写入异构硬件本地的内存中；读取时在异构硬件中解析用户请求，然后从本地内存中获取数据。由于异构硬件的内存带宽相对主存更高，且这些操作逻辑旁路 CPU 可以减少系统开销，因此，基于异构硬件的加速键-值存储系统的性能远高于基于纯软件实现的版本。

3. 可编程网络交换机

可编程网络交换机是现代网络基础设施中的关键组件，允许网络管理员和系统架构师根据需要灵活调整和优化网络行为。这种交换机通过提供可编程的数据平面和控制平面，使得用户可以自定义交换机的功能，实现对网络流量的精确控制。可编程网络交换机通常利用特定的编程语言，如 P4 语言，来描述网络包的处理逻辑，这样可以在不更换硬件的情况下，通过更新软件来应对网络策略的变化。

这种灵活性极大地扩展了网络交换机的应用领域，从传统的数据中心网络到复杂的运营商网络，再到需要高度定制化服务的企业网络，可编程网络交换机都能提供高效、灵活的解决方案。例如，它们可以被用于实现高级的网络安全策略，如动态的入侵检测和预防系统；或者被用于实现复杂的负载均衡算法，以优化网络资源的使用和提高应用性能。

此外，可编程网络交换机还可以支持快速的网络协议创新和试验，使网络研究人员和开发者能够测试与部署新的网络协议或修改现有协议，无须等待传统网络设备厂商的支持。这种开放和灵活的特性使得可编程网络交换机成为支持下一代网络应用，如边缘计算、网络功能虚拟化和软件定义网络等领域的理想选择。

各网络厂商也都推出了各自的可编程网络交换机产品。

Cisco 的 Nexus 系列交换机搭载了自家的 NX-OS 操作系统，支持 Cisco NX-API、Linux 容器、可扩展标记语言（XML）、JSON 形式的应用 API、OpenStack 插件、Python 等，允许用户实施广泛的定制化配置和自动化操作。

Intel 推出的 Tofino 芯片是业界领先的完全可编程网络处理器，广泛用于构建可编程交换机。这些芯片支持 P4 语言，允许用户自定义包处理流程，适用于需要高度定制网络行为的场景。

华为也提出了如 S12700 的敏捷交换机，这些交换机支持全面的网络编程能力，可以完全自定义流量的转发模式、转发行为和查找算法。在完全覆盖传统交换机能力的基础上，用户可以直接利用多层次的开放接口开发新的协议和功能，满足灵活的业务需求。设备无须更换新的硬件，即可完成新业务部署。

5.4.3　在网计算的基本模式

在网计算包含在路计算和旁路计算两种模式。

1. 在路计算

在路（On-Path）计算是网络卸载的一种基本模式，主要通过智能网卡（SmartNIC）实现，例如基于 FPGA 的可编程网卡，这类网卡提供了强大的可编程能力和灵活性。在路计算的核心理念是，将数据处理操作直接放置在数据传输的路径上，即 SmartNIC 在处理网络数据包时，直接在网卡上执行必要的计算任务。如图 5-43 所示，在传统的计算模型下，请求数据先到达网卡缓冲区，再通过中断或被轮询等方式激活运行在 CPU 上的网卡驱动，并通过总线 DMA 访问将请求数据搬移到 Kernel 内存中，接着应用程序通过诸如 Socket 的网络编程接口，从内核内存中将数据拷贝到用户态内存中，完成计算后使用相同的方式将计算结果通过网络发送出去。在这个过程中，数据被搬移了多次，占用了总线带宽和 CPU 时间，另外大量小包场景下收发数据带来的内核上下文切换也会导致性能下降。一些基于软件的内核旁路技术（比如 RDMA 或 DPDK）可以减少内核态和用户态之间的搬移开销，而基于在路计算的可编程网络硬件，则可以在特殊场景下完全消除额外的数据搬移。

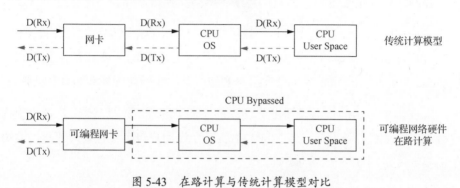

图 5-43　在路计算与传统计算模型对比

在路 SmartNIC 使得网络核心能够主动操作每一个进出的数据包。这些智能网卡提供低级可编程接口，允许开发者直接操控原始数据包。这种设计的优势在于，卸载的代码与网络数据包的距离非常近，可以显著提高网络处理的效率。例如，Marvell 的 LiquidIO 和 Netronome 的 Agilio 等产品都展示了在路计算的高效性。此外，这种设计允许智能网卡直接访问内存子系统，如 DRAM 或缓存，这种内存接近性进一步提高了处理速度和效率，尤其对于只与网卡交互的内联请求，如写入板载内存。

在路 SmartNIC 也存在一些局限性。首先，卸载到智能网卡上的代码需要与发送到主机的网络请求竞争网卡核心资源。如果卸载过多计算任务至 SmartNIC，可能会严重影响发送到主机的常规网络请求的性能。其次，由于其主要提供低级编程接口，开发者在编程时面临挑战，需要深入了解原始数据包的操控，这增加了开发的复杂度。

在路计算适用于需要高性能数据处理和低延迟网络通信的场景，如数据中心、高频交易平台和大规模并行计算环境。通过将关键计算任务卸载到网卡，主机 CPU 的负担得以减轻，从而提高整体系统性能和响应速度。

2. 旁路计算

旁路（Off-Path）计算是网络卸载的另一种基本模式，旨在通过将复杂的计算任务从网络数据包的关键处理路径上移开，减轻主机和网络接口卡（Network Interface Card，NIC）的负担。旁路计算通过在 NIC 核心旁边引入额外的计算核心和内存，形成独立的系统级芯片（SoC），用于处理复杂的计算任务，而不会影响数据包的核心处理路径。例如，NVIDIA 的 BlueField 系列网卡就是典型的旁路计算模式的产品，被广泛应用于高性能计算和数据中心网络中。

如图 5-44 所示，对于在路计算的可编程网络硬件，网络芯片被重新设计以支持编程，但由于要保证网络处理的性能，这种模式的可编程网卡编程难度一般较高，常见的编程方式包括 P4 编程语言和 FPGA 的硬件描述语言。而在旁路计算模式下，编程逻辑一般由一个数据通路之外（旁路）的芯片提供，并通过内部总线和传统网络芯片互联。负责计算的芯片在物理上和网络芯片解耦，可以使用更加通用的体系结构。常见的商用产品会使用基于 ARM 的处理器实现编程能力。

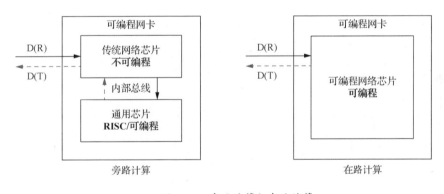

图 5-44　旁路计算与在路计算

在旁路计算的设计中，卸载的代码被放置在网络处理流水线的关键路径之外。这个独立的 SoC 通常被视为第二个完全独立的主机，拥有自己的网络接口，通过嵌入式交换机（eSwitch）与 NIC 核心和主机相连。这个嵌入式交换机根据预设的转发规则，决定将流量传递到主机还是 SmartNIC 核心。由于卸载的代码不再位于数据包的关键处理路径上，旁路计算的设计不会对主机的网络性能产生负面影响，从而避免了在路计算可能遇到的资源竞争问题。

这一清晰的分离使得 SoC 能够运行完整的操作系统（如 Linux）和全面的网络协议栈（如 RDMA），大大简化了系统开发过程。这种设计使得开发者能够在 SmartNIC 上卸载和处理复杂的任务，如深度数据包检测、加密解密、数据压缩和负载均衡等，从而减轻主机 CPU 的负担并提高系统整体性能。

尽管旁路计算具有明显的优势，但它也面临一些挑战。旁路计算不会影响主机的网络性能，但如果涉及网络通信的计算任务，仍然可能会引入额外的延迟。此外，旁路计算需要更多的硬件资源，如额外的计算核心和内存，这可能会增加成本和能耗。

旁路计算非常适用于需要执行复杂任务而不希望影响网络性能的场景。例如，在数据中心或云计算环境中，旁路计算可以用于卸载数据加密、深度数据包检测或虚拟化等复杂的网络功能，通过释放主机资源，提高整体系统的响应速度和效率。

5.4.4　在网计算的关键应用

下面介绍在网计算在加速网络和加速数据密集型中应用的一些关键场景。

1. 加速网络相关功能

在网计算技术早期的动机之一是，将网络相关的功能卸载到网络硬件上。之前网络适配器专注于支持 OSI 七层网络模型中二层及以下的功能，为了完成跨节点通信，CPU 仍需在网卡提供的基础上执行相当多的计算逻辑，以实现如 TCP、UDP 等高层次的通信协议。TCP Checksum Offloading 是一种网络优化技术，它允许网络接口卡来处理 TCP 数据包的校验和计算，而不是由 CPU 来完成。这项技术的主要目的是，减轻主机 CPU 的负担，提高网络通信的效率。除了校验和的计算，流式通信协议中消息的分组也是一种在过去需要由 CPU 完成的计算之一。由于以太网存在 MTU 的概念，即网络中传输的数据包的大小有限，因此在上层应用以流的形式发送数据时，需要硬件来决定如何拆分数据。在

TCP 中，将拆分数据相关的计算卸载到网络硬件上的操作称为 TCP Segmentation Offloading。

随着硬件技术的发展，越来越多复杂的网络相关计算被卸载到网络硬件上。除了前面提到的 TCO 和 TSO，演进出 TCP 卸载引擎（TCP Offload Engine，TOE）技术。TOE 将更多的 TCP 功能，包括链接的建立、维护和终止流程卸载到网络硬件上。在网络速度刚刚步入 10Gb-s 的年代，这种技术存在诸多好处：一方面，TOE 减少了 CPU 的开销，每 1b-s 的带宽大约需要耗费 1Hz 的 CPU 计算资源，10Gb-s 网络工作在线时可能占用 3～5 个通用的 CPU 核，将相关计算卸载到网络硬件上能够将这部分资源释放给其他应用；另一方面，TOE 也减少了计算机内部总线的压力，TCP 用于维护链接状态的 sync/ack 等过程将在网络上产生大量的小包，这些小包会影响 PCIe 总线的性能。如果由网卡来执行相关的 TCP 逻辑，就可以避免这些小包在计算机内部的总线上传输，避免网络通信影响其他总线上的硬件（如磁盘、计算卡等）。

除了硬件技术的演进，数据中心的发展也驱动着在网计算技术的发展，并最终使得在网技术成为被独立研究的一个方向。数据中心的出现带来了前所未有的复杂的网络环境，尽管数据中心的物理网络表面上看上去并不复杂，只是一个集成了很多机器的大型局域网，但考虑到数据中心的工作负载：成千上万个虚拟机动态地被创建与删除，用于虚拟机之间通信的逻辑网络也处于快速的变化之中，保证这一逻辑网络的性能、可扩展性和安全性面临很大的挑战。目前，数据中心中用于裸金属机器互联的网络被称为 Underlay 网络，而将用于虚拟机互联的网络称为 Overlay 网络。为了支持 Overlay 网络所需要的各种特性，仅仅使用传统意义上的交换机、路由器等是不够的，人们发明了 NFV（Network Function Virtualization）和 SDN（Software Defined Network）等技术，这些技术早期在某种程度上是使用软件来模拟网络的功能，以换取更高的灵活性。但可以预见的是，基于软件实现的版本遇到了性能瓶颈，而将这些软件实现带来的灵活性与可编程性下沉到网络硬件上则成为一种直观的解决方案。2014 年的一篇论文展示了名为 P4 的技术，可以使用一种类似通用编程语言的方式定义交换机、路由器等网络设备进行包转发的逻辑。研究者围绕 P4 开展了许多研究，将大量的网络计算卸载到可编程的网络硬件上。P4 已经在多个网络领域展现出其广泛的应用潜力，特别在网络功能卸载和数据平面的定制化方面。

在网络功能卸载方面，P4 的应用覆盖了网络监控、流量工程、功能卸载、跨领域应用及网络安全等多个方面。在网络监控方面，诸如 ML-INT（Multilayer In-band Network Telemetry）和基于草图的方法，展示了 P4 在实时监控网络性能和状态估计中的有效性。在流量工程领域，P4 被用于实现负载均衡的 Beamer 和加权 ECMP（wECMP）算法，这些算法通过优化流量分配来提高网络资源利用率。在功能卸载方面，HyMoS（Hybrid Modular Switch）和 DPPx（Data Plane Programmability and Exposure Framework）展示了如何将网络功能直接卸载到数据平面，从而减少对传统服务器的依赖并提高性能。此外，P4 在安全领域的应用也日益显著，对 P4ID（基于 P4 的入侵检测系统）和 POSEIDON（DDoS 攻击检测与缓解系统）等的研究表明，P4 能够实现硬件级别的安全监控和高效的流量管理。

在数据平面定制化方面，P4 在代码验证、代码优化、测试与调试、目标特定优化和数据平面虚拟化等方面也发挥了重要作用。在代码验证方面，如 Netdiff 利用符号执行技术来验证数据平面配置的等价性，成功发现了多个配置的缺陷。在代码优化方面，MATReduce 框架通过消除重复的匹配操作，提高了 P4 管道的执行效率，P4LLVM 利用 LLVM 进行更深入的优化，生成了更优的输出结果。在测试与调试方面，P4pktgen 自动生成测试用例，通过满足约束条件来识别程序中的错误。在目标特定优化中，Heterogeneous Data Plane（HDP）平台结合多种硬件来消除性能限制并最大化资源利用率。另外，还有研究利用 DCFL 算法，将 P4 的匹配/操作高效地映射到 FPGA 上，进一步提升了处理性能。在数据平面虚拟化领域，Hyper4 支持功能切片和虚拟网络，HyperVDP 能够实现完全虚拟化底层数据平面，优化资源利用率并提供高吞吐量。

P4 有潜力进一步推动网络自动化与智能化，结合机器学习等技术动态优化网络流量管理和安全策略。这种灵活性将使其能够更好地适应复杂的应用负载，满足不断变化的网络需求。本书仅仅简单介绍了 P4 的基本概念，对 P4 编程技术细节感兴趣的读者，可参考 P4 Language Consortium 网站上的信息。

目前，可编程网络硬件的发展再次拓宽了在网计算技术在加速网络功能上的应用范围。

首先，现在的可编程网络硬件支持更加复杂的编程逻辑。尽管 P4 与传统的固定功能的网络硬件相比，具备一定的编程能力，但是 P4 是一种声明式的编程语言，并且不是图灵完备的，导致其无法表达复杂的计算逻辑，现在常用于交换机这种对性能极度敏感但是可以牺牲编程性的场景中。相对于交换机，网卡对网络性能的要求较低但场景的丰富度更高，更有可能通过计算卸载获得性能收益。以英伟达公司生产的最新 BlueField 3 网卡为例，其中配备了名为 DPA 的网络处理核心，在能够使用类似于 P4 等声明式语言编程的同时，还可使用 C 语言进行命令式编程，大大提高了网络功能加速的应用范围。此外，FPGA 技术，包括硬件、编程语言和网络相关 IP 的发展，也大幅降低了直接在 FPGA 上硬化一部分区域来进行网络功能加速的难度。

其次，现在的可编程网络硬件中集成了丰富的 DSA 模块，以支持高效的压缩、加密解密、编解码等操作，这使得以往很多受限于算力而无法卸载的计算，现在可以在网卡中高效完成。这些计算在传统的 OSI 七层网络模型中集中在 4～7 层。在网络硬件中执行此类计算，一是节省了 CPU 资源，二是避免了数据拷贝，能够获得客观的性能提升。

2. 加速数据密集型应用

数据密集型应用涉及大规模数据的处理、存储和分析，对计算资源的需求极其庞大。其典型应用包括深度学习模型训练、大数据分析和复杂事务处理等。这类计算应用通常伴随着频繁、海量的网络数据传输，CPU 需要投入大量算力来处理网络流量，浪费了宝贵的计算资源。因此，将计算卸载到网络硬件上成为非常有效的优化手段，这可以从需求和供给两方面来印证。

从需求侧来看，虽然数据中心配备了高速的处理单元，如 GPU 和 TPU 及高速网络，但系统的整体性能仍受到网络通信对 CPU 资源的大量占用和通信延迟的双重制约。例如，在大型模型的混合并行训练中，会产生大量的 gather、reduce 等集合通信操作，通过将计算任务卸载到网络硬件上，可以显著减少对 CPU 资源的依赖，降低延迟，从而整体提升数据密集型应用的运行效率和性能。

从供给侧来看，硬件技术的进步为计算卸载提供了更好的条件。传统的基于 ASIC 工艺的网络接口控制器（NIC）虽然稳定，但成本高且更新周期长。近年来，基于 FPGA 的 In-Path 技术和基于 ARM 的 Off-Path 技术的兴起，不仅提升了系统性能，编程框架的成熟和成本的降低也使计算卸载技术变得更加实用和经济。此外，总线技术的发展和多样化算力的融合趋势进一步推动了计算卸载技术的广泛应用，特别是在需要处理大量小包数据的场景中，计算卸载有效地减轻了 CPU 的负担，提高了数据密集型应用的处理效率。

业界对如何利用网络卸载提升计算密集型应用进行了大量探索。

在机器学习领域中，尤其在训练深度学习模型时，模型的复杂性和参数数量已从 2018 年的 9400 万个增加到 2022 年的 174 万亿个。通过软件定义网络和在网计算技术，分布式机器学习任务中的关键步骤，如数据预处理、模型训练和推断，都可以卸载到网络硬件上执行。这种方式减少了数据传输时间，降低了服务器负载，减少了训练任务同步时间开销。北京大学的吴文斐研究员发表了多项使用可编程网络硬件加速机器学习训练的研究成果。

在键值存储邻域中，业界也进行了大量探索。随着数据中心数据量的激增，键值存储系统如 Redis 和 Memcached 在处理频繁的读写操作时常常遇到传统网络协议栈出现瓶颈和 CPU 消耗过大的问题。开发人员通过可编程网络硬件设备，借助远程直接数据存取技术，可以将键值存储操作卸载到网络硬件上，使数据直接在内存间传输，无须经过操作系统处理，减少了网络延迟和 CPU 开销。微软作为第一批在数据中心数据面上部署可编程网络硬件的企业，在 2017 年就发表了题为 "KV-Direct: High-Performance In-Memory Key-Value Store with

Programmable NIC"的学术论文，使用 FPGA 进行键值对数据访问的加速，相比于软件 KVS（Key Value Store）获得了近千倍的性能提升。

在事务处理领域中，尤其在高性能分布式应用中，事务请求的高效管理至关重要。网络卸载可以确定每个事务请求应该由哪个 CPU 核处理，优化请求调度，减少数据争用和事务冲突。例如，在传统调度框架中，来自客户端的事务请求可能导致多个工作线程竞争同一数据块，从而降低性能。通过在网络层面卸载事务请求的调度，可以提高事务处理的效率和准确性，降低事务中断和重试的频率。苏黎世联邦理工学院（ETH Zürich）的 Gustavo Alonso 教授课题组长期从事使用可编程网络硬件加速数据的相关研究，典型的应用场景包括数据库查询算子和视图相关功能的卸载。

在分布式存储领域中，高速存储硬件的发展给分布式存储系统带来了新的挑战，如何处理高速存储设备和操作系统软件栈不匹配的问题成为学术界关注的一个重点话题，也为在网计算提供了新的应用场景。网络卸载可以在通信、并发控制、缓存管理等多个角度对分布式存储系统进行加速，降低关键数据通路上的 CPU 开销，减少网络延迟，让分布式存储系统充分利用高速存储设备（如 NVMe SSD）及持久化内存的性能，提供高性能的分布式存储能力。2021 年发表在 FAST 上的论文"LineFS: Efficient SmartNIC Offload of a Distributed File System with Pipeline Parallelism"详细阐述了一种基于 NVIDIA 可编程网卡构建的分布式文件系统的技术细节。LineFS 通过将复制、压缩等操作卸载到网络硬件上提高了 DFS 的整体性能。另外，清华大学的舒继武教授课题组在这一领域发表了诸多研究成果，感兴趣的读者可自行查阅。

计算卸载技术在处理数据密集型应用中显示出巨大的潜力，尤其在需要快速处理和分析海量数据的现代数据中心环境中。在机器学习、大规模键值存储及高性能事务处理等典型场景中，网络卸载已被验证能有效缓解传统架构的瓶颈。随着数据量的持续增长和计算需求的不断提升，网络卸载技术有望继续推动数据中心和复杂分布式系统的性能提升。

5.4.5 openEuler 当前实现

有关异构在网计算技术的构想正在孵化中，如果要了解更多相关信息，感兴趣的读者可以在 openEuler 异构融合 SIG 中进行交流和讨论。

5.5 本章小结

本章介绍了异构核心子系统的四大核心系统。异构融合调度通过对 CPU、NPU 等各种 xPU 进行算力统一抽象，实现面向算力的编程机制；异构融合内存是基于操作系统的原生内存管理系统，能抽象出让各类加速器复用的高层内存管理逻辑，并提供统一虚拟地址编程框架；异构融合存储将虚拟内存子系统和缓存系统协同设计，从而充分发挥缓存系统在异构内存架构上的潜力；异构在网计算通过将数据通路上的计算通过卸载到可编程网络硬件上，提升系统性能。

第 6 章　池化核心服务

池化核心服务主要是为系统提供接口和一些核心服务能力，当前的核心服务能力包括可靠性、性能、安全及运维调优方面的能力，具体包括异构可靠性服务、异构安全服务、智能化服务和 NEW POSIX 接口。

6.1　异构可靠性服务

6.1.1　异构可靠性服务的变化

随着摩尔定律的失效，以及 AI 对大规模算力需求的持续增长，数据中心的硬件设备也由单纯的 CPU 算力向多样性异构设备发展，整体架构由以 CPU 为中心的架构向多样性算力对等池化架构演进，单个设备的故障可能会扩散到整个资源池，即会导致故障扩散。

如图 6-1 所示，由于之前所有的数据流都是围绕 CPU 展开的，CPU 可以感知到所有的故障，因此可靠性服务的设计也是围绕故障对运行于 CPU 上的程序的影响展开的，其主要流程包含受影响程序的清理、恢复及故障的隔离。整体架构向对等架构演进后，故障处理相应地需要从 CPU 扩展到多个异构设备上。

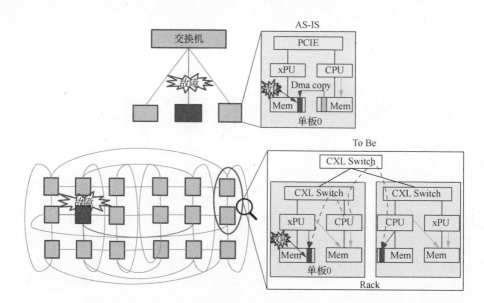

图 6-1   硬件架构演进

6.1.2   可靠性服务的构筑思路和整体架构

可靠性服务的核心目标是，保障系统连续对外正常提供服务。由于故障必然会发生，所以可靠性服务需要尽可能地减少故障对系统持续对外提供服务能力的影响，做到无影响或尽可能少影响。实现可靠性服务的关键在于故障管理，具体包括故障检测和隔离，以及业务功能的快速恢复。

在硬件向池化演进的趋势中，可靠性服务的故障管理能力需要由单节点拓展到多节点，拓展之后的可靠性服务整体架构如图 6-2 所示，主要包括两部分：

（1）节点内基础 RAS（Reliability，Availability and Serviceability）：在单节点内，针对 CPU、内存、存储等硬件设备故障及软件缺陷进行管理和容忍的能力，提供支持业务恢复的基本能力。

（2）Rack 内节点间高级 RAS：和节点内基础 RAS 形成协同，充分利用 Rack 范围内的硬件资源作为冗余，以 Rack 作为整体，提升 Rack 内所有服务的可靠性。

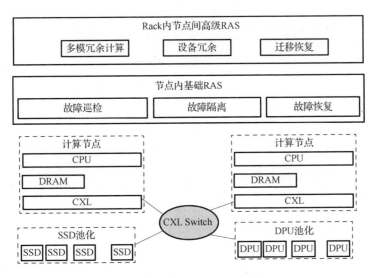

图 6-2　异构可靠性整体架构

6.1.3　节点内基础 RAS 能力

节点内基础 RAS 能力包括故障巡检、故障隔离、故障恢复三大类技术。

1. 故障巡检

故障巡检：openEuler 对外提供巡检工具 sysSentry，该工具对节点的具体设备和软件的运行状态进行巡检，可以在业务运行前或者运行中及时发现潜在的故障，并对故障进行提前干预，如利用故障隔离、故障恢复等技术，降低因为故障导致业务发生中断的概率，或者缩短中断的时间，支撑业务进行快速恢复。其整体架构如图 6-3 所示，基础框架负责具体的巡检任务及内核态的各种驱动，具备灵活扩展的能力；支持管理所有的巡检任务，巡检任务以插件的形式通过巡检插件管理模块加入巡检框架，并通过任务调度引擎统一调度；巡检结果通过事件通知引擎通知相关的订阅者。系统巡检是对系统的资源使用情况进行巡检，识别异常情况。硬件故障巡检主要是对具体硬件的故障巡检的实现，包含 CPU 巡检、HBM 巡检、内存巡检、I/O 巡检、网卡巡检和 NPU 巡检。下面重点对 CPU 巡检、内存巡检、巡检插件管理、任务调度引擎和事件通知引擎进行介绍。

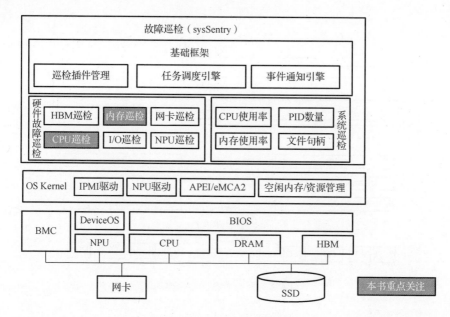

图 6-3　故障巡检架构图

1）CPU 巡检

CPU 巡检主要用于检查 CPU 核是否存在静默故障，发生这种故障的主要表现是，CPU 在执行指令时结果出错，但不会报任何异常。比如，执行 SVE 计算指令时输出结果与预期不符，导致业务最终结果出错。

为了发现 CPU 核上可能存在的静默故障，sysSentry 会在核上运行一系列测试指令，并通过检查输出结果与预期是否相符来判断 CPU 核是否发生了静默故障。CPU 巡检的实现架构如图 6-4 所示。

CPU 巡检包含 BIOS（Basic Input/Output System）/ ARM Trust Firmware（由于鲲鹏 CPU 是基于 ARM 架构的，所以此处体现为与 ARM 相关的固件 Firmware）、内核态程序和用户态程序，以及 TEEOS（Trusted Execution Environment OS）部分。

用户态为巡检的入口，控制巡检策略的下发；内核态负责接收巡检策略，并通过控制程序执行巡检任务。巡检任务包含两种类型：非涉密巡检任务和涉密巡检任务，涉密巡检任务通过 iTrustee Tzdriver（iTrustee 机密计算操作系统与通用操作系统通信的驱动程序）发送到 TEEOS 内部进行执行。

说明：涉密巡检任务主要与 CPU 的巡检指令和 CPU 的微架构相关，一些巡检指令会暴露 CPU 的微架构信息，所以需要对该部分代码进行加密。

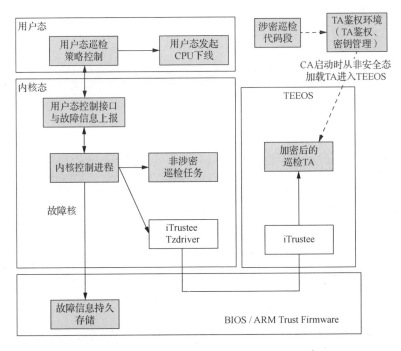

图 6-4　CPU 巡检架构图

2）内存巡检

内存故障具有集中性，经常表现为行故障或者列故障，当一个内存 cell（代表一个内存单元）出现故障时，该 cell 所在 bank 的其他 cell 很大概率也存在潜在的故障。内存诊断的主要思路是，在内存触发一个 CE（Corrected Error）/UCE（Uncorrected Error）时，对该故障地址所在 bank 的其他 cell 进行检查。

内存故障模型主要分为 stuck 0-1 错误、跳变错误、邻近 cell 影响错误和动态错误。部分内存故障只有在写特定的值时才会被触发，因此需要向内存单元写不同的值来检测是否有故障。此外，相邻 cell 的值也会对当前 cell 的故障是否触发产生影响。业界用得较多的是 March 检测算法，通过按一定的规律往内存 bank 的不同 cell 写值来发现其中的故障单元。

在操作系统运行过程中，为了提升性能，内存条一般会按照一定的配置进行交织，相邻的两个物理地址可能分别对应两根内存条。为了能够执行 March 检测算法，需要知道物理地址与内存 bank 行列地址的对应关系，因此，需要通过 BIOS 接口将内存交织信息上报到操作系统。

内存故障诊断功能的框架如图 6-5 所示，BIOS 需要通过它与内核间的接口将一系列功能和信息暴露出来。在硬件发生 CE 并通过 BIOS 上报到操作系统后，操作系统通过 BIOS 提供的内存交织信息计算出 CE 所在 bank 对应物理地址空间的 Page 页，并将这些 Page 页上的数据迁移到同 Numa Node 的其他空闲 Page 页上，然后使用 March 检测算法对该 bank 进行检查，或者通过 BIOS 暴露出来的 DDRC exmBIST 对该 bank 进行检查，若检查出故障的内存单元，则通过 BIOS 接口将故障单元的行列地址等信息写入持久存储，下次启动时不上报给操作系统。

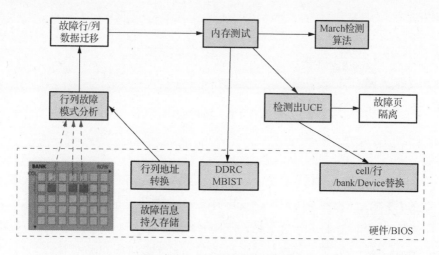

图 6-5　内存故障诊断功能框架

3）事件通知引擎

对于巡检任务状态和结果的查询与应用，需要有一种通知机制，在故障巡检工具中，将这种通知统一抽象成事件，对于巡检结果支持应用使用订阅接口进行订阅，巡检引擎会通过事件将巡检出来的结果广播给相关订阅者。事件通知引擎支持用户订阅和关注事件，任务调度引擎调度巡检任务，并且在巡检发生时，通知事件通知引擎，事件通知引擎根据订阅信息，将事件发送给订阅者。

4）任务调度引擎

任务调度引擎负责对注册到系统中的巡检任务生命周期进行管理，提供巡检任务的启动、终止、重新加载，并且支持巡检任务的状态查询和进度查询。另外，它还负责对不同类型的巡检任务执行不同的调度策略，如周期性任务、一次性任务等。

5）巡检插件管理

sysSentry 的巡检插件管理机制使用配置文件定义巡检任务的基本信息，每个巡检任务为一个巡检模块，巡检模块配置在/etc/sysSentry/tasks 目录下，配置文件以.mod 为后缀，每个.mod 文件对应一个巡检模块，巡检模块配置文件中的配置字段以"key=value"形式指定，以内存巡检模块的配置 memory.mod 为例，所有巡检模块的通用配置都定义在 common section 中。

```
[common]
task_start=memtester-pro --mode free --thread_count 18 --cpu_bind
0-17 --perf_bench 1024 --send_heartbeat
task_stop=pkill memtester-pro
type=oneshot
interval=600
heartbeatnterval=60
```

2. 故障隔离

当通过检测机制发现故障时，需要对故障单元进行隔离，避免故障的影响进一步扩散，故障隔离包含内存（HBM/DRAM）隔离、NPU 隔离、CPU 隔离、网卡/DPU 等器件级隔离，及整个节点级别的隔离。

内存（HBM/DRAM）隔离：操作系统原本已经支持页隔离，在硬件向对等池化演进的进程中，内存变成在多个节点间共享，因此故障隔离需要从单节点拓展到多节点。在池化互联场景下，故障扩散的路径如图 6-6 所示。

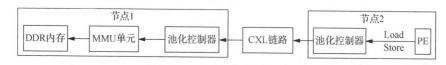

图 6-6　故障扩散示意图

其中，PE 为 CPU 的计算单元，在 CPU 执行指令的过程中会出现跨节点访问内存的情况，导致整体故障路径变长，相应故障的概率也会升高。如果 PE 在访问 DDR 内存时出现 DDR 故障，会触发中断通知 PE 单元，然后 PE 执行上下文切换并处理发生的故障。在池化场景下，中断可能来源于远端，并且访问的内存也有可能位于远端，因此需要对内存有所区分，并对内存故障管理处理流程进行修改，修改后的故障处理流程如图 6-7 所示。

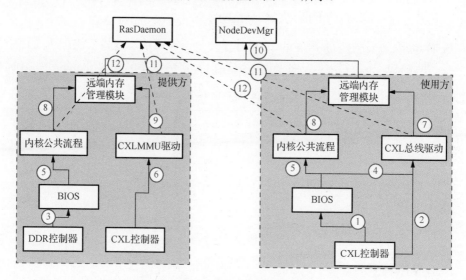

图 6-7　故障处理流程图

对故障处理流程的详细描述如下：

（1）基于现有 ARM64 的 RAS 错误处理框架，DDR 控制器或 CXL 控制器首先将故障上报给 BIOS（图中步骤①和③）；BIOS 对故障进行一定的处理后上报给操作系统（图中步骤⑤）。针对 CXL 及类似总线的情况也可以按照此逻辑展开。

（2）针对不同的故障采取不同的策略，与 CXL 无关的故障通过 SEA/SEI 中断被通知上报到内核公共流程（图中步骤⑤），基于 ACPI/APEI/CPER 的 RAS 处理框架流程，下文称内核故障处理；与 CXL 相关的故障通过中断被通知到 CXL 总线驱动（图中步骤④），由 CXL 总线驱动注册的故障处理函数进行处理，下文称 CXL 驱动故障处理。

（3）内核故障处理与 CXL 驱动故障处理两个模块将故障上报给远端内存管理模块（图中步骤⑦⑧⑨）和 RasDaemon 模块（图中步骤⑪⑫）。

（4）远端内存管理模块过滤上报信息后将故障上报给 NodeDevMgr，NodeDevMgr 决定是拆除借用还是共享关系（图中步骤⑩）。

（5）RasDaemon 负责将相关错误信息记录到日志中，并执行一些对应的故障应对策略。

（6）对于提供方发生 panic 或者计划内重启类故障，NodeDevMgr 需要执行数据回迁，以避免使用方的数据丢失。

3. 故障恢复

故障巡检或者故障的发生导致业务进程出现了异常，此时需要对故障进行恢复。根据错误发生的时间和影响不同，故障恢复的应对手段有所不同，整体可以分为业务迁移和业务进程快速启动。业务迁移是指，通过检测和预测等手段感知到故障即将发生，提前对业务进行迁移，保证业务完全无中断，或者至少保证对最终用户完全无感。业务进程快速启动是指，在故障发生后，业务的上下文已经受到影响，此时需要对受影响的业务进行故障恢复，尽可能缩短业务的中断时间。业务进程的恢复又可以分为在本节点恢复（原地恢复）和在其他冗余节点恢复（异地/迁移恢复）。业务迁移主要应用在 Rack 内节点间的场景中，节点内的故障恢复主要应用业务进程快速启动。

节点内的故障恢复整体架构如图 6-8 所示，主要包括热替换、系统快速重启、系统级 CR（Checkpoint Restore，检查点恢复）和任务热迁移，其中热替换和系统快速重启已在 openEuler 社区开源，详细可以参考 openEuler 社区的相关文档，这里重点介绍系统级 CR。

图 6-8　节点内故障恢复整体架构

系统级 CR 是一种故障恢复还原技术，通过将正在运行的进程上下文导出，并且以序列化方式保存为持久化文件，后续在恢复阶段利用反序列化技术将持久化文件重新导入系统从而恢复系统的正常运行。系统级 CR 是一种在操作系统层实现的自动、透明地生成 Checkpoint 文件并自动导入的技术。

系统级 CR 整体架构如图 6-9 所示，包含 CR 层、核心功能层和设备抽象层。下面详细介绍这几部分的内容。

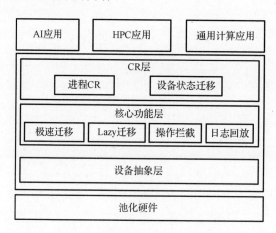

图 6-9　系统级 CR 整体架构

（1）CR 层

CR 层通过增强开源组件 CRIU（Checkpoint/Restore In User Space）提供系统级 CR 插件，并利用核心功能层的能力实现进程 CR，支持同构/异构设备状态节点间迁移，并对 CR 流程进行管理。

如图 6-10 所示，一个进程包含 text、data、maps、mems、stack、heap、states、fds 等内存信息。CRIU 的原理是，在保存阶段通过 dump 和 pin 机制将以上内

存信息保存下来。其中，dump 机制具有插件扩展机制，系统级 CR 利用并扩展这种插件机制，在各个 HOOK 点调用插件注册的函数，实现特殊设备文件的 CR。CRIU 在如下 5 个 HOOK 点进行 NPU 相关信息的保存和恢复：

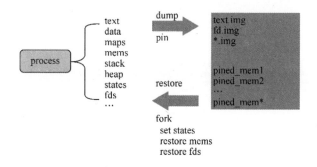

图 6-10 CR 层功能视图

开源 CRIU 的 CHECKPOINT 流程中的两个 HOOK 点：

- CR_PLUGIN_HOOK__DUMP_EXT_FILE：执行 NPU 的完整状态保存工作，包括 NPU 状态和内部内存信息，调用设备代理的接口；实现保存操作日志信息，调用日志&回放功能。

- CR_PLUGIN_HOOK__HANDLE_DEVICE_VMA：对设备相关内存进行标记。

开源 CRIU 的 RESTORE 流程中的三个 HOOK 点：

- CR_PLUGIN_HOOK__RESTORE_EXT_FILE：恢复 NPU 文件句柄和相关管理结构，调用日志&回放功能，回放部分设备配置操作，恢复内存区域和设备上下文。

- CR_PLUGIN_HOOK__UPDATE_VMA_MAP：调整 NPU 到 CPU 的内存映射信息，物理地址可能发生变化。

- CR_PLUGIN_HOOK__RESUME_DEVICES_LATE：恢复 NPU 运行状态，调用日志回放和 xPU 适配器接口。

（2）核心功能层

核心功能层的主要功能是实现系统级 CR 的核心能力，利用 CXL 内存借用机制和高带宽特性，实现内存极速迁移和按需 Lazy 迁移，在用户态实现异构设备操作的拦截、日志记录、回放等功能，供 CR 层调用。

如图 6-11 所示，极速迁移的主要流程包括：①在新节点通过映射方式保证业务正确的前提下，节点间尽量少迁移内存；②将进程的内存一次性迁移到新节点；③进行进程上下文迁移，在新节点恢复新的容器实例。

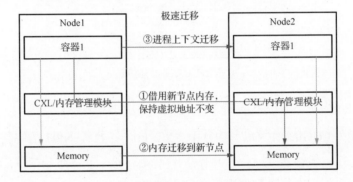

图 6-11　极速迁移流程图

如图 6-12 所示，Lazy 迁移的主要流程包括：①进行进程上下文迁移，恢复容器实例；②新节点借用原节点的内存，保持映射的虚拟地址不变，减少迁移的时间开销，缩短进程中断时间；③进程在新节点上运行的过程中，由内存管理模块自行将内存迭代迁移，最终达到完全在新节点上运行的状态。

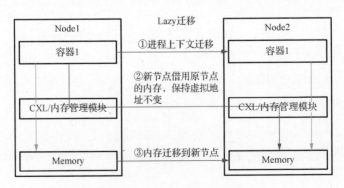

图 6-12　Lazy 迁移流程图

代理拦截层功能。如图 6-13 所示，拦截并记录部分调用 CANN/CUDA 操作和对驱动的操作，记录为日志，供后续分析、精细化管理、恢复等操作使用；操作拦截、日志、回放功能全部在 CRIU 插件的 npu_hijacker.so 中实现；Checkpoints 和 Restore 过程都在该进程上下文中进行，所以 Checkpoints 和 Restore 都可以使用插件中的功能。

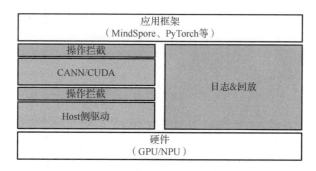

图 6-13　代理拦截层架构图

（3）设备抽象层

设备抽象层主要用于实现 xPU 适配器和设备代理，向上屏蔽硬件差异，提供设备 CR 相关功能接口和设备弹性扩容/缩容能力；向下针对特定硬件，实现具体设备的 CR 和调用分发能力。

6.1.4　Rack 内节点间高级 RAS 能力

资源冗余是保证系统可靠性的关键措施之一。Rack 内的节点使用高速总线互联之后，互联节点之间的访问时延变短，访问带宽变大，并且算力单元之间有了直接 Load/Store 的能力。因此，可以充分利用总线互联的优势，将 Rack 内互联的不同节点作为冗余单元来提升系统整体的可靠性，本书将其称为 Rack 内节点间的高级 RAS，具体包含多模冗余计算、设备冗余、迁移恢复三类技术。

1. 多模冗余计算

在 Rack 内的不同节点部署多个计算实例，利用 Rack 内不同计算节点都具备 Load/Store 的能力，可以基于共享内存/数据多副本进行多模冗余计算，规避 CPU/内存的静默错误，提升系统可靠性。

在正常情况下，CPU 一般不会出错，但是硬件电路都会有良品率和电路出错的可能，业界已经公布在大规模数据中心场景中多次出现 CPU 的静默错误，如 Facebook 数据中心拥有数十万台服务器，经过 18 个月的检测，发现了数百台服务器出现了静默错误；Google 的数据中心也发现 1/1000 的机器存在易变核（导致静默错误）。静默错误会导致业务停顿，数据丢失，严重影响业务的可用性。

多模冗余执行是解决静默错误的有效手段，但多模冗余计算需要占用更多的资源，系统之间的同步开销导致系统性能进一步受到影响。硬件向 Rack 级演进之后，可以充分利用池化节点之间的大带宽和对等访问的能力来部署多模冗余计算，通过共享内存有效减少同步仲裁所需的忙等待。

异步仲裁的流程如图 6-14 所示，App 实例 A、实例 B 和实例 C 分别被部署在不同的节点上，实例 A 执行速度较快，实例 C 最慢。实例 A 计算完成后只需要将计算结果保存到共享内存，无须等待，继续执行其他计算，等到实例 C 执行完之后，由 monitor 进程统一执行仲裁，消除同步仲裁所需的忙等待。在异步仲裁点出现错误之后，使用 CKPT 技术点进行异步纠错，如果没有错误则继续向下执行，消除同步等待的时间。

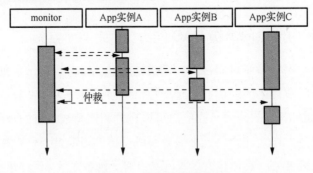

图 6-14　异步仲裁的流程

2. 设备冗余

多个设备使用高速总线互联形成池化之后，设备池到计算节点之间都具备高速的数据传输访问能力，因此可以利用设备池内的不同设计形成冗余备份，避免设备故障导致数据丢失，或者服务故障，从而提升系统的可靠性。

设备池化之后，使用多个（两个及以上）设备对外提供相同服务，当其中一个设备出现故障时，可以通过主备倒换等方式持续提供服务能力。下面以 NPU 为例，阐述如何提升系统的可靠性，其原理如图 6-15 所示。

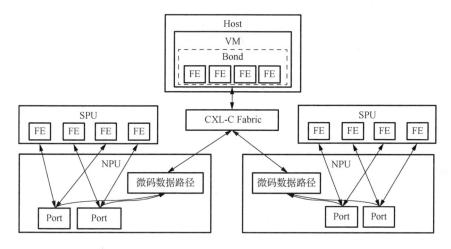

图 6-15　NPU 池化冗余原理图

如图 6-15 所示，在虚拟机内部使用软件 Bond 将多个 FE（Function Ethernet）设备聚合成一张虚拟网卡。在底层调度时，可以将实际物理流量分配到多个 NPU 设备上（这里 NPU 的含义是网络处理单元），并且在其中一个 NPU 设备的 FE 出现故障时，可以动态更换，避免业务中断，从而实现网络业务的在线恢复。

DPU 设备池化后，也可以采用同样的机制实现冗余切换，从而提升系统的可用性。DPU 的池化解除了 CPU 和 DPU 之间一对一的绑定关系，DPU 和 CPU 实现了多对多的映射关系。当其中一个 DPU 出现故障时，可以切换到池中空闲的 DPU 资源中，切换过程对于上层业务完全透明，从而实现业务在遇到设备故障时能够快速恢复。

如图 6-16 所示，在 vDPU-1 出现故障之后，CXL 控制器需要执行故障上报，将故障上报给 BUS-Driver 及 DPU 池化 Agent，DPU 池化 Agent 通知 DPU 池化

Mgr 进行故障处理，Mgr 申请新的 FE 后，BUS-Driver 通知 Vfio 驱动根据新的 FE 资源创建新的 vDPU 设备，并切换到新的物理 DPU 上，然后将 FE 配置下发到新的 DPU 上，同时重新配置中断向量表，在虚拟机内部完成故障 DPU 的切换，以及相关链路状态的迁移。

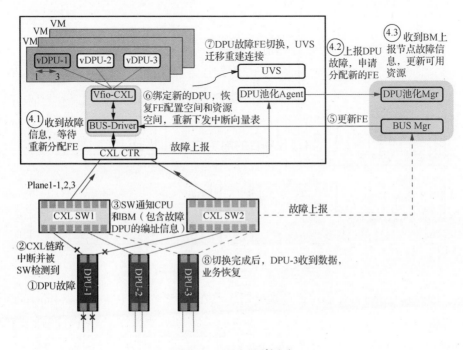

图 6-16　DPU 故障逃生

3. 迁移恢复

迁移恢复是指不同计算节点之间使用了高速互联的总线，等价于同一台服务器多 CPU 的 SMP 架构，因此可以在不同计算节点之间调度/迁移应用实例，保障业务持续提供服务的能力，从而提升系统可用性。

在云化背景下，业务的部署形态可以是虚拟机，也可以是容器。从操作系统的视角来看，虚拟机或容器都是进程，在节点发生故障的时候，要保证业务的持续运行，就需要将承载业务的进程迁移。而迁移主要是针对进程的上下文进行处理，由于进程上下文都处于内存中，因此抽象之后，实际上是对内存的导出和导入。在非池化场景下，需要将内存数据通过网络传输到另外一个节点，以恢复业务；在池化场景下，由于节点之间具备了内存 Load/Store 的能力，因此可以不用对内存进行导入/导出，只需要做好内存映射的管理，就可以通过内存数据的 Zero-Copy 完成业务的迁移。以虚拟机的迁移为例，其主要包含两种场景：

场景一：远端的内存在迁移前后位置保持不变，对应的内存免迁移。虚拟机迁移实际上迁移的是虚拟机对应的 QEMU 进程，即先将被迁移的 QEMU 进程挂起（源端主机），然后迁移 QEMU 使用的内存。内存迁移过程如图 6-17 所示，首先对 QEMU 映射的内存进行扫描，过滤掉远端内存（图 6-17 中的 Remote Memory），然后将本地内存迁移到目的端主机，对于远端内存，在目的节点上重新建立 IOMMU 页表，实现内存地址的映射，最后将源端主机上的内存映射解除。

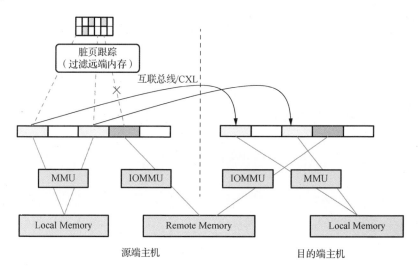

图 6-17　内存迁移过程

场景二：远端的内存迁移在热迁移过程中被迁移到目的端主机的内存中。源端虚拟机使用的远端内存在迁移过程中和本地内存一样，都可以通过 MMU/IOMMU 的脏页跟踪能力，将脏页内存迁移到目的端的本地内存中。其在逻辑功能上与非远端借用场景的一样。

6.1.5　openEuler 当前实现

openEuler 当前已经实现节点内基础 RAS 能力，相关功能已在 sysSentry 项目中开源，读者可以通过代码仓了解更加详细的实现细节，具体包括支持 CPU 巡检能力及巡检插件的管理，通过巡检的方式发现 CPU 的静默故障并对故障 CPU 核进行隔离。Rack 内节点间高级 RAS 能力当前正在实现中，如果要了解更多相关信息，感兴趣的读者可以在 openEuler 异构融合 SIG 中进行交流和讨论。

代码仓链接

我们希望通过社区化运作的方式，汇集社区的各个开发者，不断完善框架内容并支持操作系统中各个设备的巡检能力，进一步增强操作系统的可靠性。同时，我们也希望针对硬件池化的场景，利用高速互联总线的特点，结合设备冗余优势，显著提升池化场景下操作系统的可靠性，为全球客户带来更加可靠的操作系统体验。

6.2　异构安全服务

6.2.1　异构融合带来的安全威胁与挑战

随着计算架构从以 CPU 为中心的架构向 CPU+xPU 异构对等架构的演进，基于 CPU 的安全传统信任边界被打破，数据跨域流通，安全面临新的威胁和挑战。具体包括：

- 在异构场景下对接入的 xPU 节点存在篡改/仿冒的威胁。

- 各 xPU 之间共享资源，存在未授权访问和攻击扩散的威胁。

- 数据在 xPU 流转过程中存在泄露的威胁。

如图 6-18 所示，各节点通过总线（如 CXL）进行互联，实现了 DRAM 内存、SSD 存储、DPU 数据处理单元的资源池化，支持不同节点在资源不足时进行借用，提高了资源利用率。然而，在此过程中传统架构下的安全机制会弱化/失效，会面临资源被仿冒、未授权的访问、信息泄露等风险，因此需要设计多样计算下的异构安全新方案来应对这些新的挑战。

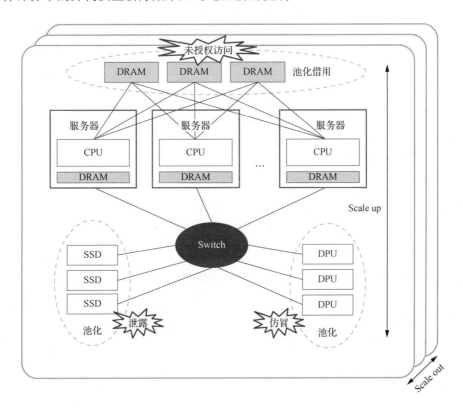

图 6-18　异构融合操作系统安全威胁

6.2.2　系统安全服务

针对典型的异构融合系统，下面对其架构及所面临的安全威胁进行分析，如图 6-19 所示。

其面临的主要安全威胁如表 6-1 所示。

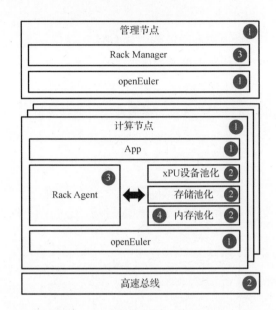

图 6-19   异构融合操作系统典型架构

表 6-1   面临的主要安全威胁

编号	威胁描述	威胁类别	消减措施
1	节点篡改/仿冒威胁，通过篡改节点，操作系统注入攻击代码，或伪造节点进行接入	篡改、仿冒	异构系统完整性保护
2	共享资源未授权访问，通过远端节点篡改/泄露关键数据资产	篡改、拒绝服务、信息泄露	异构系统访问控制
3	共享内存污染，内存借用机制导致数据泄露和攻击扩散	篡改、拒绝服务、信息泄露	共享内存权限最小化
4	管理进程威胁，通过入侵 Manger/Agent 进程获取 Rack 资源管理权限	篡改、提权、仿冒	漏洞防利用

针对以上分析，下面将介绍典型的异构系统安全技术——异构系统完整性保护。

操作系统的各个部分从启动到运行的各个阶段都面临着完整性被破坏的威胁。构建端到端的系统完整性保护链，是保证操作系统及其软件按预期方式运行，实现系统安全性、可靠性、实时性的基础。所以，为了应对各种篡改威胁，操作系统的各个阶段应该具备度量和保护自身组件完整性的能力。系统完整性也是业务数据完整性的基础，如果不能保证操作系统的完整性，则上层业务的完整性自然也无从谈起。

为了实现操作系统的完整性保护，业界提出了安全启动、可信启动等技术，从基于硬件的可信根开始构造完整性保护链。在系统引导启动过程中，逐级校验固件、操作系统内核等系统组件，并对后续每一个加载或执行的系统配置文件、可执行程序进行基于密码学的完整性校验。在假设硬件可信根不被破坏和校验逻辑自身不存在漏洞的前提下，各级完整性校验形成环环相扣的信任链，这可以有效检测篡改行为。完整性保护覆盖的对象越多和信任链覆盖的生命周期越长，保护的效果就越强。

异构系统的典型完整性保护技术栈如下：

对于异构系统中的每一个子节点，都需要启用安全启动和可信启动机制。在启动过程中，前一个部件验证后一个部件的数字签名，如果验证通过，则运行后一个部件；如果验证不通过，则暂停启动。如图 6-20 所示，在异构系统各个节点的启动过程中，可以逐级完成从 BIOS 到 OS Loader，再到内核的验签，以保证系统启动流程的完整性。在系统启动完成后，还可通过文件完整性校验技术（如 Linux 内核的 IMA 完整性度量架构）实现对应用程序等关键文件的完整性校验，继续延长系统的完整性保护信任链。节点系统使能可信启动机制后，在启动过程中还会将各个组件的摘要值记录到度量可信根（如 TPM、TCM 等安全芯片）中，系统启动后，还可结合远程证明机制对节点进行可信校验，并基于校验结果实现节点的接入认证等功能。

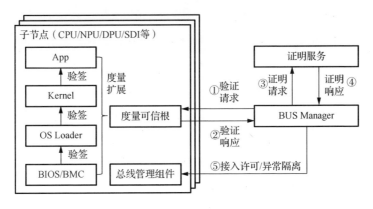

图 6-20 异构系统完整性保护典型方案

典型的远程证明校验流程如下：

（1）BUS Manager（总线管理单元）对节点发起验证请求。

（2）节点响应请求，并将度量可信根中的数据传递给 BUS Manager，为保证数据真实性，需要采取签名、加密等手段对数据进行安全保护。

（3）BUS Manager 将数据发送给远程证明服务器。

（4）远程证明服务器对数据进行校验对比，反馈证明结果。

（5）BUS Manager 根据证明结果，决策是否允许节点接入，或对已接入节点采取异常隔离措施等。

6.2.3　访问控制

在单节点场景下，操作系统基于本地访问路径（如系统调用）实施访问权限控制，这种方法无法适用于节点间资源共享场景下的访问控制。

如图 6-21 所示，在传统单节点操作系统向异构融合操作系统的演进过程中，存在节点 2 中的应用程序访问节点 1 内存的情况，这就需要通过跨节点的访问控制技术防止未授权的访问，单节点操作系统已经具备较为成熟的访问控制机制，如基于 UID/GID 的 DAC 自主访问控制、基于安全属性的 SELinux 强制访问控制等机制，基于这些机制可以对系统中发起的各个资源访问进行管理和控制。但是在异构融合场景下，超节点中可能存在节点间互相访问资源的场景，这些访问通过异构总线实现，往往超出了传统访问控制机制的保护范围。

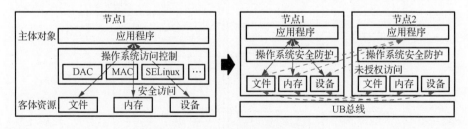

图 6-21　操作系统访问控制示意图

当前，对异构融合场景下超节点间的访问控制主要通过共享内存权限最小化和关键进程漏洞防利用来实现。

1. 共享内存权限最小化

在异构融合场景下，超节点内存在内存共享场景。内存借出、回收的过程可能存在双方残留敏感信息泄露的风险，此外通过攻击代码注入，也可能产生攻击扩散的威胁。

如图 6-22 所示，节点 1 通过内存池化将内存资源共享给节点 x 使用。在此场景下，如果节点 1 受到入侵，则攻击程序可通过篡改借出内存、篡改或注入恶意代码实现攻击扩散。类似地，节点 x 也可能对共享内存实施代码注入，在内存回收场景实现对节点 1 的攻击。

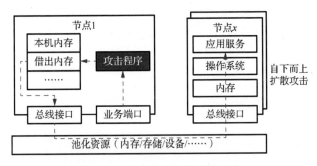

图 6-22 内存共享场景攻击扩散

实际上，可以通过内存页的权限访问控制技术来限制接入借出内存页的权限，从而实现权限最小化管理。

如图 6-23 所示，Home 节点可通过 MMU 实现借出内存和其他内存的隔离，保证 Home 节点自身无法访问借出内存。User 节点可通过内存权限控制机制限制对借用内存的访问权限（如 ARM 的 PAN/PXN 机制，x86 的 SMEP/SMAP 机制），将借用内存的访问权限隔离在用户态，避免通过利用一些内核漏洞等实施用户态到内核态的提权攻击。

2. 关键进程漏洞防利用

攻击者可能利用进程中的代码漏洞（如公开的 CVE）实施攻击，一旦篡改或伪造超节点管理进程（实施超节点内资源管理和异构总线管理功能），即可获得整个超节点的管理权限。漏洞通常是难以避免的，因此，在异构融合场景下，针对超节点管理进程的漏洞防利用技术至关重要。

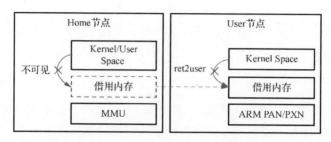

图 6-23　内存共享权限最小化管理

如图 6-24 所示，对于单节点系统而言，系统中最高权限者为 Root 用户，可任意访问节点内的资源；对于超节点系统，Rack Manager（超节点管理进程）甚至具备管理各个子节点的能力。因此，Rack Manager 是一个最为关键的系统进程，它是漏洞防利用的重点保护对象。

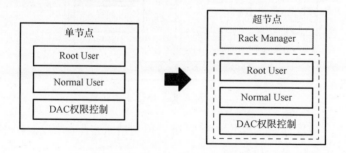

图 6-24　单节点/超节点权限示意图

典型的 Linux 漏洞防利用技术如表 6-2 所示。

表 6-2　典型的 Linux 漏洞防利用技术

漏洞利用路径	防御措施	说明
非法提权	DAC、capability、ACL Landlock 轻量级沙箱	文件/端口白名单访问，权限最小化运行
控制流劫持	CFI、DFI 等	基于 ARM PAC 机制实现控制流完整性校验
其他	入侵检测	根据已知攻击模式进行检测和阻断

6.2.4　数据安全服务

随着互联网、云计算和人工智能等技术的快速发展，数据的价值越来越受到重视。然而，随之而来的数据隐私安全问题也日益突出。在国内外，数据泄露、黑客攻击、恶意软件等安全事件屡屡发生，给个人、企业和社会带来了巨大的损失和威胁。为了保护数据隐私安全，人们提出了很多解决方案，其中机密计算是一种较为先进的技术。机密计算是指，在不暴露数据的情况下进行多方数据计算和分析，是保护数据隐私和安全的一种技术。机密计算有着广泛的应用前景，比如金融、医疗、人工智能等领域。

如图 6-25 所示，数据传输安全和数据存储安全技术已相对成熟，而计算过程中的数据仍存在安全威胁，机密计算正是解决数据计算安全的一种技术。

图 6-25　数据安全链条

图 6-26 所示为机密计算模型，用户可以将运行数据放入黑盒子中，并可以请求相关运算，但管理员或黑客不能从盒子中获取任何机密数据。

机密计算是在基于硬件的可信执行环境中执行计算，以保护使用中的数据。这个被安全隔离的环境可以防止对正在运行的应用程序和数据进行未经授权的访问或修改，从而保

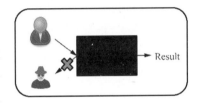

图 6-26　机密计算模型

护隐私数据的安全。

机密计算技术具有如下三大特征：

- 隔离：通过隔离机制，将通用计算环境与机密计算环境隔离，非授权的实体无法访问机密计算环境。

- 加密：基于加密机制，保证数据在内存中计算时处于密文形态，防止特权软件甚至硬件的窥探。

- 度量：通过远程证明机制，向用户提供其程序状态的度量证据，使得用户可以对运行在保护环境内的程序进行可信性评估。

从 2002 年 ARM 提出 TrustZone 技术开始，经过十几年的发展，机密计算技术已逐渐成熟并具备商用基础。当前业界的机密计算主要围绕 CPU 进行，然而随着人工智能的普及，对算力的诉求急剧增长，加速计算处理器如 GPU、NPU 等的数据隐私安全问题也日益突出，如何将以 CPU 为中心的机密计算扩展到异构机密计算，成为学术界及工业界的热门探索方向。

openEuler 推出的 secGear 机密计算解决方案，南向屏蔽差异化机密计算硬件，北向赋能安全应用生态，致力于提供简单、易用的机密计算软件栈及解决方案，降低机密计算的使用门槛，推动机密计算的生态发展。针对异构场景，推出如下异构机密计算技术和解决方案。

1. 远程证明统一框架

随着机密计算的发展，各芯片厂商纷纷推出自己的机密计算方案，然而各家方案之间缺乏信任和存在的差异阻碍了异构 TEE 之间的数据安全共享。而远程证明统一框架通过抽象统一的证明流程，引入第三方信任中心机制，打通各 TEE 孤立的认证体系，实现了异构 TEE 相互认证，进一步构建了应用层统一的互联互通协议，实现了异构 TEE 数据的安全流通。远程证明统一框架的架构如图 6-27 所示。

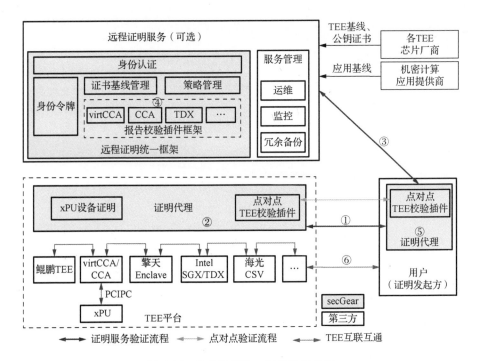

图 6-27　远程证明统一框架的架构图

远程证明服务验证流程如下：

（1）用户（普通节点或 TEE）对 TEE 平台发起挑战。

（2）TEE 平台通过证明代理获取 TEE 证明报告，并返回给用户。

（3）用户端证明代理将报告转发到远程证明服务。

（4）远程证明服务端调用报告校验插件框架，根据报告的 TEE 类型选择对应的 virtCCA、CCA 等检验插件完成报告校验，签发由第三方信任背书的统一格式的身份令牌，并返回给用户端证明代理。

（5）证明代理验证身份令牌，并解析得到证明报告校验结果。

（6）得到通过的校验结果后，建立安全连接。

点对点检验流程（无证明服务）如下：

（1）用户（普通节点或 TEE）对 TEE 平台发起挑战。

（2）TEE 平台通过证明代理获取 TEE 证明报告，并返回给用户。

（3）用户端证明代理调用点对点 TEE 校验插件完成报告验证。

涉及的关键技术如下：

- 报告校验插件框架：支持运行时兼容 vritCCA、CCA、TDX 等不同 TEE 平台的证明报告校验，支持扩展新的 TEE 报告校验插件。

- 身份令牌：支持对不同 TEE 签发身份令牌，由第三方信任背书，实现不同 TEE 类型的相互认证。

- 证明代理：支持对接证明服务、点对点互证、设备证明，兼容 TEE 报告获取，支持身份令牌验证等，易集成，有利于用户聚焦业务。

- 证书基线管理：支持 TEE 平台对公钥证书、TEE 基线、应用基线等进行导入、查询、删除等管理。

- 策略管理：支持用户自定义报告校验策略。

- 身份认证：支持对接入远程证明服务的客户端进行身份验证，防止非法用户导入证书、基线、策略等配置。

远程证明统一框架仅提供机密计算相关组件，支持客户部署远程证明服务，不包含运维、监控、冗余备份等服务管理相关的能力。

2. 异构机密计算解决方案

从硬件发展现状来看，鲲鹏 CPU 机密计算技术有三代，分别是基于 920 的 TrustZone、virtCCA、CCA。虽然三代技术不同，但都能达到保护 CPU-TEE 中隐私数据安全的效果。而 NPU 上的隐私数据安全保护还在探索中，大致有三类方案：CPU-TEE＋NPU、CPU-TEE＋PCIPC＋NPU 和 CPU-TEE＋NPU-TEE。这三类方案均可以利用不同的技术达到 CPU 和 NPU 上隐私数据保护的效果。

如图 6-28 所示，对于 CPU-TEE + NPU 方案，在 NPU 硬件不支持 TEE 时，应用可先在 CPU-TEE 中做数据预处理及脱敏，再卸载到 NPU 上计算，达到隐私数据安全保护的效果。

在 CPU-TEE + PCIPC + NPU 方案（如图 6-29 所示）中，在 CPU 硬件支持安全直通协议后，可将 NPU 作为一个安全外设接入 CPU-TEE，由于 REE 无法访问 NPU，因此达到一定的安全保护效果，但是此方案无法防止近端物理攻击，因为 NPU 上运行中的数据依然是明文。

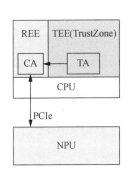 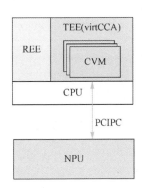

图 6-28　CPU-TEE + NPU 方案　　　　图 6-29　CPU-TEE + PCIPC + NPU 方案

图 6-30 所示为 CPU-TEE + NPU-TEE 方案，NPU 硬件通过 AICPU、AICore 资源隔离技术构建 NPU-TEE，保护 NPU 上运行中数据的机密性和完整性，NPU-TEE 可与 CPU-TEE 实现对等互联，融合 CPU 与 NPU 的机密计算算力，实现 CPU+NPU 运行时保护的效果。

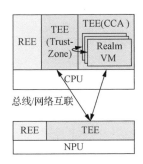

图 6-30　CPU-TEE + NPU-TEE 方案

在以上三种方案中，操作系统层屏蔽了硬件差异，构建了通用的 CPU+NPU 机密计算解决方案，实现了 CPU 和 NPU 上的运行时安全，保护了用户的隐私数据。

6.2.5　openEuler 当前实现

在系统安全服务方面，完整性包含的能力如图 6-31 所示，openEuler 当前发行的版本已支持端到端完整性保护技术，实现从系统启动到运行的各个关键组件的完整性保护能力。

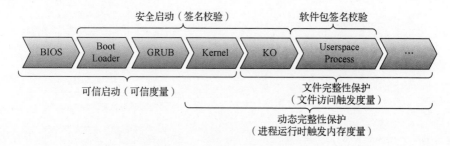

图 6-31　完整性包含的能力

完整性的具体特性及保护对象如下：

● 安全启动：保护启动引导固件、内核。

● 可信启动：保护启动引导固件、内核、内核模块 KO。

● 文件完整性保护（IMA/EVM）：保护文件内容及扩展属性。

● 软件包签名校验（RPM）：保护系统软件包的完整性。

● 动态完整性保护（DIM）：保护用户态/内核态内存关键数据，如代码段。

在系统访问控制技术方面，openEuler 当前发行的版本已支持主流的访问控制和漏洞防利用技术，包括：

● DAC 自主访问控制：通过文件权限位、访问控制列表等方式实现对文件、目录的权限控制。

- MAC 强制访问控制：通过 SELinux 等机制，实施全局的访问控制策略，对系统中的主客体访问行为实施细颗粒度的白名单控制。

- 内存隔离：支持多种颗粒度的内存访问隔离机制，如用户态/内核态内存隔离、进程间内存隔离等。

- 入侵检测：针对典型攻击路径实施检测。

针对异构融合操作系统数据安全服务相关的机密计算技术的构想正在孵化中，如果要了解更多相关信息，感兴趣的读者可以在 openEuler 异构融合 SIG 中进行交流和讨论。

6.3 智能化服务

智能化服务主要包含智能化运维服务和智能化调优服务。智能化运维服务主要是对系统亚健康状态的检测和定位，智能化调优服务是通过 AI 技术手段对系统进行性能调优。

6.3.1 智能化运维服务

6.3.1.1 技术构想

1. 亚健康智能化运维

如图 6-32 所示，openEuler 传统智能化运维主要针对通用计算下的单机故障，包括对 CPU、内存、网络和 I/O 等关键硬件组件的监控，在这些场景下已经有相对完善的工具检测和分析。

AI 集群，作为一类集成了深度神经网络训练业务、分布式计算节点、分布式网络等多样化业务和资源对象的系统，其组成和交互的复杂性远超传统单机系统。这种复杂性给运维带来了一系列挑战，尤其在亚健康状态的检测和定位方面，如慢节点和慢网络等问题。这些问题产生的原因多样且相互交织，使得传统的运维方法难以有效感知和定界定位。

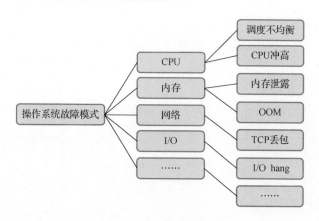

图 6-32　单机运维故障模式

为了克服这些挑战，openEuler 异构融合操作系统的智能化运维服务主要针对慢节点问题展开分析和诊断，实时收集和分析来自集群各节点的运行数据，结合机器学习和人工智能算法，以实现对 AI 集群中慢节点等问题的早期发现和精确定位。

不同于传统的基本故障场景，即单点故障和完全故障场景（通过心跳检测机制和可替换单元倒换就可以解决），亚健康属于一类复杂故障场景（业务受损或资源异常但未完全故障），心跳机制无法检测出来。对这一类复杂故障场景的感知、初因定界和根因定位，无论是对于工业界还是对于学术界都是难题。

因此，我们在图 6-32 所示的单机运维故障模式的基础上，新增 4 类亚健康故障，包括慢 CPU、慢 NPU、慢网络和慢 I/O，旨在解决慢 I/O 场景的自动检测难题和 AI 场景慢节点检测准确率低的问题。

亚健康问题自主运维架构如图 6-33 所示，主要包括故障感知与诊断、基础设施可观测及 Host 和 Device。其中，Device 中运行 DeviceOS，DeviceOS 用于管理昇腾卡，以及和 Host 交互。

Host 和 Device：AI 训练作业主要包括训练和推理两个阶段，都需要对涉及的 Host 和 Device 设备及库进行建模分析。经过分析，发现在 CPU 上影响作业性能的因素主要有下发算子速率等。Device 侧主要包括 AICore、HCCL 通信、AICPU 等影响因子。Host 和 Device 在 AI 作业运行过程中通过通道传输任务、内存数据等。

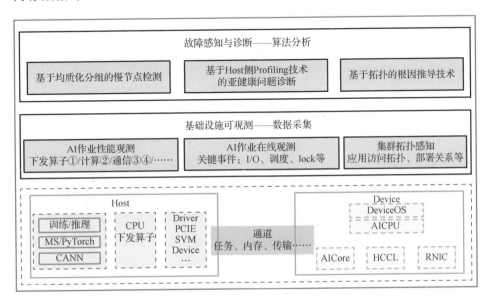

图 6-33　亚健康问题自主运维架构

基础设施可观测：基础设施可观测主要是指通过当前已有的 Host 侧和 Device 侧的采集指标工具来采集资源指标。针对 AI 作业性能观测，采集下发算子速率、NPU AICore 利用率、HCCL 和 RNIC 通信等信息；针对 AI 作业在线 Profiling，采集 I/O、调度和 lock 等事件分析性能；针对集群拓扑感知，采集集群节点和 NPU 的部署关系，例如应用访问拓扑等。

故障感知与诊断：通过对基础设施采集的数据进行分析，设计有效的算法来解决业务的实际慢节点问题，主要包括基于均质化分组的慢节点检测算法，解决华为云 AI 训练场景慢节点检测准确率低的问题；基于 Host 侧 Profiling 技术，解决互联网客户线上千卡训练任务慢、定位时长长的问题；基于集群拓扑感知生成的拓扑进行根因推导，解决慢网络的问题。

下面深入探讨慢节点检测技术、Host 侧 Profiling 技术，以及基于拓扑的根因推导技术。

2. 面向 AI 集群的慢节点检测

下面主要面向 AI 大模型训练场景进行分析。随着 AI 大模型参数量的不断增加，AI 集群规模越来越大，故障复杂度越来越高，其中慢节点尤为明显。AI 慢节点问题可以归纳为慢 CPU、慢 NPU 的问题，这类问题目前的检测率小于 60%，严重影响 AI 大模型的训练效率[模型算力利用率（Model FLOPs Utilization，MFU）降低 1%～5%]。

慢 CPU 的问题主要集中在下发算子的性能方面，慢 NPU 的问题主要集中在 HBM 资源不足、AICore 执行性能下降、HCCL 通信故障等方面。

针对这些问题，智能化运维提出了慢节点检测算法，该算法旨在提升系统 AI 集群的 MFU，减少慢节点检测时间（<1min），支撑慢节点故障分钟级恢复，同时减少慢节点故障事后诊断时间（<2h），提升运维效率。

1）典型方案分析

Ziheng Jiang 等提出的 MegaScale 中采用 MFU 作为集群训练性能的衡量指标。MFU 一直是业界讨论的话题，在相同的芯片（成本不变）上，MFU 的高低直接关系到整体的性价比。通过优化技术把 MFU 提升 10%～15%，就能为整个模型训练节约 1/5～1/3 的时间。

MFU 的大小从理论建模的角度可以描述，根据图 6-34 所示的计算公式，主要有三类因素决定 MFU 的大小：集合通信占比、集群可用性、Mac（Multiply and Accumulate）利用率，其中集合通信占比、Mac 利用率都属于静态模型，集群可用性在运行过程中的动态变化是影响 MFU 的关键因素。

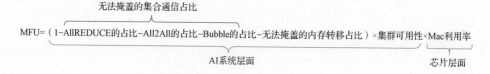

图 6-34　MFU 计算公式

MegaScale 通过 CKPT 快速恢复、慢节点发现两项技术来提升 AI 集群的可用性。其中，慢节点技术利用 CUDA Event 机制度量关键性能代码（算子算法+执行）。如图 6-35 所示，图中展示了训练作业所有节点的时延，通过颜色深浅可以直接判断某节点时延增加的情况，而且可以看出节点的依赖关系，其可用于故障快速定位和排除。例如，GPU20 在 PP 并行下关联的上下游节点是 GPU8 和 GPU32，在 DP 并行下相同训练数据的节点是 GPU12 和 GPU16。

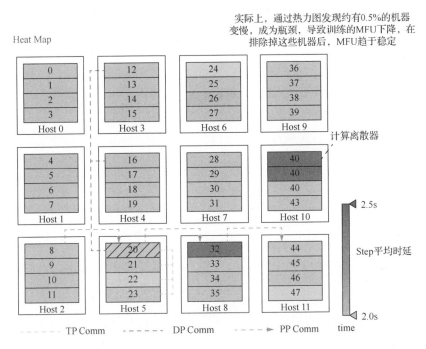

图 6-35　集群所有节点的 Step 平均时延热力图

该方案不适合在 NPU 场景下检测，这是因为 GPU 和 NPU 的逻辑架构不同，如图 6-36 所示，下发算子过程中，NPU 有别于 GPU，采取算子异步下发策略，计算/通信 Stream 之间的同步逻辑交由 NPU 硬件调度器（STARS）控制。所以，在 NPU 场景中，Host CPU 侧无法直接获取算子的执行性能。

2）慢节点检测原理

AI 集群在训练过程中的性能劣化场景主要是复杂故障场景，导致性能劣化的原因很多且复杂。当前，训练方案尚无在线劣化感知和初因定界的能力。性能劣化发生后，从日志收集到问题定界、根因诊断及现网闭环问题需要长达3～4 天。基于上述痛点问题，我们设计了一套在线慢节点劣化感知及初因定界的方案。该方案能实时在线观测系统关键 KPI，并基于模型和数据驱动的算法对观测数据进行实时分析，给出劣化感知和慢节点问题的初步分类，便于系统自愈或者运维人员解决问题。慢节点检测的整体设计如图 6-37 所示，主要由数据、算法库、配置文件和慢节点检测方案组成。

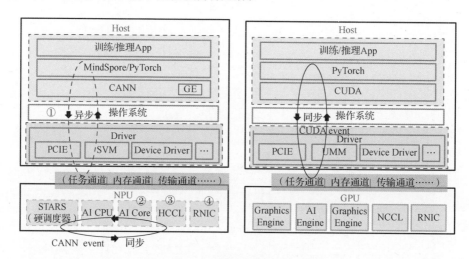

图 6-36　NPU/GPU 逻辑架构对比

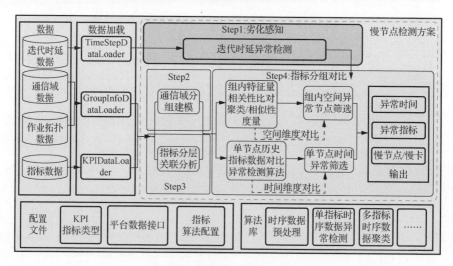

图 6-37　慢节点检测整体设计

（1）数据

AI 训练任务的关联数据，一般是训练平台在线请求的数据或者离线保存的数据，主要包括以下内容：

① 通过模型训练日志解析的迭代时延数据。

② 通过模型训练业务提取训练任务的通信域数据，即对应卡 rank_id 的分组信息。

③ 通过现网作业 topo 获取的作业拓扑数据，包括节点配置、组网等信息，即节点和 rank_id 对应的信息。

④ 指标数据包括 NPU 对象数据和 Host 对象数据。NPU 对象是指计算子图主要部署的资源对象，包括 NPU 的频率、温度、电压等；Host 对象是指 Host 上的资源指标，包括 CPU 计算、Host 网络通信、Host 磁盘 I/O 等指标。指标数据如表 6-3 所示，包含各个指标的对象、状态类型、状态小类、判断条件和相关指标。例如，AICore 利用率指标属于 NPU 对象，当 NPU AICore 利用率过高时，认为该指标出现异常，可以反映计算性能劣化。

表 6-3　指标详细信息

对象	状态类型	状态小类	判断条件	相关指标
NPU	性能劣化	计算性能劣化	NPU AICore 利用率过高	AICore 利用率
		计算性能劣化	DDR 生命周期内所有单比特错误数量过高或 DDR 生命周期内所有多比特错误数量过高	npu_single_bit_ecc_num npu_double_bit_ecc_num
		计算性能劣化	NPU 功率异常	npu_power
		计算性能劣化	NPU 温度过高	npu_temp
		通信性能异常	NPU 网口包平均时延过长	NPU 网口包平均时延
		通信性能异常	NPU 网口包平均吞吐量过低	NPU 网口包平均吞吐量
		通信性能异常	NPU 网口平均丢包率过高	NPU 网口平均丢包率
		通信性能异常	NPU 网口平均错包数过高	NPU 网口平均错包数
Host CPU	性能劣化	计算性能劣化	CPU 平均负载/利用率过高	cpu_loadavg
		计算性能劣化	CPU 功率异常	cpu_power
		计算性能劣化	CPU 温度过高	cpu_temp

续表

对象	状态类型	状态小类	判断条件	相关指标
Host Mem	性能劣化	计算性能劣化	内存使用百分比过高	mem_used_percent
Host 网口	性能劣化	通信性能劣化	Host 网口包平均时延过长	Host 网口包平均时延
		通信性能劣化	Host 网口包平均吞吐量过高	Host 网口包平均吞吐量
		通信性能劣化	Host 网口平均丢包率过高	Host 网口平均丢包率
		通信性能劣化	Host 网口平均错包数过高	Host 网口平均错包数
HBM	性能劣化	计算性能劣化	HBM Numa 节点带宽过低	hbm_bandwidth
		计算性能劣化	HBM Numa 节点时延过长	hbm_latency
		计算性能劣化	HBM 生命周期内所有单比特错误数量过高	hbm_single_bit_ecc_num
		计算性能劣化	HBM 生命周期内所有多比特错误数量过高	hbm_double_bit_ecc_num
		计算性能劣化	HBM 内存占用量过高	HBM 占用率
磁盘	性能劣化	存储性能劣化	磁盘 IOPS 过高	磁盘 IOPS
		存储性能劣化	磁盘平均写时延过长	磁盘平均写时延
		存储性能劣化	磁盘平均读时延过长	磁盘平均读时延

（2）算法库

基于 KPI 时序数据特征构建时序数据异常检测算法库，包括时序数据预处理算法、单指标时序数据异常检测算法、多指标时序数据聚类算法等。

时序数据预处理主要包括：

- 时序数据归一化操作：针对时序数据，采用常用的 minmax 归一化手段将原始数据的数值范围转换到[0,1]范围内。

- 时序数据平滑去噪操作：针对时序数据，采用 rolling 归一化手段去除原始数据的毛刺噪声。

单指标时序数据异常检测算法主要包括：

- 基于 kspot/3-sigma 的动态阈值学习算法（适合波动相对稳定的指标时序数据）：基于正态分布，当数据超过均值，达到正负 3 倍标准差以外时，则认为是异常点。

● 基于周期同比的动态阈值学习算法（适合存在周期波动的单指标时序数据）：针对周期数据，通过观测单指标数据的周期性是否变化来判断其是否异常。

多指标时序数据聚类算法主要包括基于相似度度量和 DBSCAN 的多指标时序数据聚类算法。

（3）配置文件

● KPI 指标类型：包含指标的 id、指标劣化的状态说明。

● 平台数据接口：包含数据的 Restful 接口。

● 指标算法配置：各指标的优先级及指标对应的异常检测算法配置。

（4）慢节点检测方案

慢节点检测是指，首先对通信域数据进行分组信息建模，对 AI 作业的所有节点进行分组划分；接着对采集的指标数据进行分层关联分析，动态筛选检测的指标；最后对选中的指标进行时空维度的对比，检测节点是否正常。

Step1：劣化感知。

实时监控作业任务的训练时延，判断是否存在性能劣化，详细流程如图 6-38 所示。根据输入的迭代时延数据，需要进行如下步骤的处理。

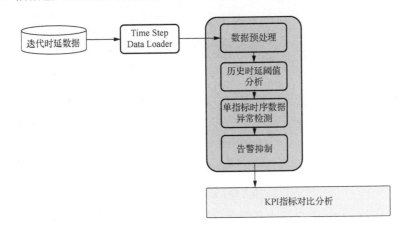

图 6-38　劣化感知流程

① 数据预处理：采集的输入包括整体迭代时延和每一步的时延，即 Step 开始时间戳和结束时间戳，计算迭代一次的耗时开销。设定数据采集的滑动窗口长度为 n（可设置为 10 步迭代），在滑动窗口收集完数据之后，开始动态阈值更新。

② 历史时延阈值分析：在大模型训练业务的过程中，劣化感知算法统计训练窗口的时延数据，利用 ksigma 检测器定期更新动态阈值，例如每 100 个 Step 更新一次。

③ 单指标时序数据异常检测：基于动态阈值进行检测，当实时的迭代时延超过动态阈值时，判定为异常。

④ 告警抑制：经过第三步的单指标时序数据异常检测后，会产生一系列异常点。但是如果迭代时延存在单步偶发上涨，则后续迭代时延恢复不应该产生告警。因此，设计了告警抑制来聚合第三步检测出来的异常点，将偶发的超过动态阈值的迭代时延告警抑制掉。只有当连续 n 步（例如连续 5 步）迭代时延都高于动态阈值时，才触发 KPI 指标对比分析。

Step2：通信域分组建模。

通信域分组建模是指，首先通过配置信息获取数据并行（Data Parallel，DP）、张量并行（Tensor Parallel，TP）和流水线并行（Pipeline Parallel，PP）信息，如果配置文件不存在，则说明 PyTorch 场景下没有通信域数据，要通过分析各个卡上保存的子模型来进一步判断卡的 PP 信息。

在获取到通信域数据后，对所有并行进行建模，如图 6-39 所示，假设 4 张 GPU 卡（GPU1～GPU4）在不同的节点上，FWx（x 为 1～4）为前向计算算子，BWx（x 为 1～4）为反向计算算子，水平方向为流水线并行。流水线并行时，因为 GPU1 和 GPU2 上的计算算子不同，在 GPU1 和 GPU2 上采集的指标数据在正常情况下表现不一致，所以这两个卡上的指标不能直接进行对比；而数据并行时，因为 GPU1 和 GPU3 上的训练数据不同，计算算子相同，在 GPU1 和 GPU3 上采集的指标数据在正常情况下表现一致，所以 GPU1 和 GPU3 上的指标可以放在同一组内进行对比，检测慢节点。

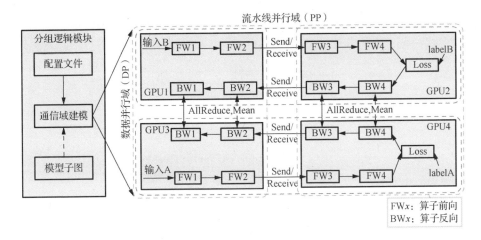

图 6-39　通信域分组建模

Step3：指标分组对比。

劣化感知触发可以通过分组对比指标数据，检测出慢节点发生的时间、位置及异常指标，如图 6-40 所示。指标分组对比包括两部分：一部分是时间维度上的时序数据异常检测，另一部分是空间维度上的多节点指标之间的聚类。结果生成：模块最终输出慢节点发生的异常时间、异常节点及异常指标。

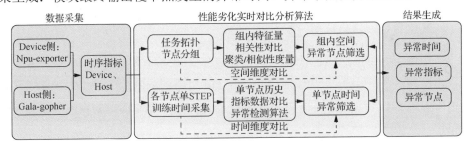

图 6-40　性能劣化实时对比分析算法

慢节点方案详细的检测流程如图 6-41 所示，主要包括五步，分别是故障注入、特征工程、单节点时间维度对比、组内空间维度对比和结果融合。

故障注入：通过注入不同的故障来覆盖典型的故障模式，主要包括进程挂起故障、降频故障，以及与网络相关的网口限速等。

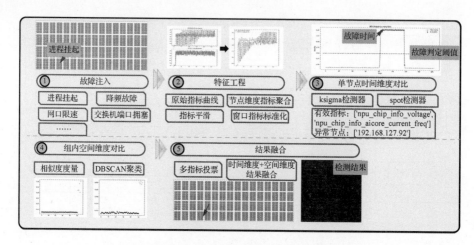

图 6-41　慢节点方案检测流程

特征工程：对采集的原始指标数据做特征工程处理，主要包括原始指标曲线、节点维度指标聚合、指标平滑等操作，用于减少检测的指标维度，提升检测性能，去除数据噪声，提升检测精度。

单节点时间维度对比：针对每个对象上的计算资源类指标、网络资源类指标、磁盘 I/O 类指标等，先运行单指标异常检测算法，并在线训练检测模型，再测试当前数据是否异常。如图 6-41 中的③所示，左侧为训练数据，右侧为该指标测试数据，该指标出现明显的下降。

组内空间维度对比：针对组内的每一个 NPU 对象的关键指标进行聚类分析，即同一 TP 组内的 NPU 对象、同一 DP 组内的 NPU 和 Host 对象的关键指标。如图 6-41 中的④所示，经过相似度计算和聚类后，该组的黑色节点为正常节点，灰色节点为异常节点。

结果融合：将时间维度的结果和空间维度的结果进行融合。

当前，慢节点检测算法正在实现中，将在后续的 openEuler 版本中开源。

3. 主机侧性能分析

1）问题场景

在 AI 作业任务场景中，性能问题是比较突出的问题。性能问题主要表现为慢节点和性能波动/卡顿两类。

（1）慢节点：故障导致单个节点（卡）的性能下降，导致 AI 集群内训练任务的性能下降（线性度降低），典型的故障现象是产生 Notifywait。

（2）性能波动/卡顿：是指 AI 训练任务的过程中，发生的任务挂死现象。挂死原因包括但不限于 GIL 死锁、内存占用过高、系统性能瓶颈（比如 CPU、文件 I/O、网络 I/O 性能瓶颈）等。

AI 作业任务的性能问题定位起来非常棘手，耗时耗力。比如，当前昇腾在性能场景中的痛点问题包括：

（1）存在空窗期（空泡）。现有的 AI Profiling 工具的分析结果中存在一些无法观测的空窗期，无法分析这段时间应用在做什么，而这往往是 AI 作业任务的性能瓶颈所在。

（2）长耗时操作分析（系统态耗时分析）。对于一些长耗时的操作，只能观察到耗时产生，但耗时的原因无法观测，比如存在 I/O 阻塞。

（3）非 AI 作业任务的干扰（CPU 调度&利用率）。典型的问题场景就是，一些高 CPU 使用率的应用抢占 CPU 资源，导致 AI 作业任务得不到调度，从而产生性能抖动等问题。

现有的定位方法主要基于 PyTorch Profiling 工具，但它无法解决上述痛点问题。该工具主要的问题如下：

（1）聚焦于算子级别的业务 Profiling，观测范围窄，无法覆盖系统层面的事件。

（2）适用于对 CPU、NPU 资源的性能分析，缺少对 Host 侧 I/O、锁等资源的性能分析。

（3）需要侵入式修改代码，使用不灵活。

基于上述问题和挑战，我们推出了 Host 侧 Profiling 解决方案，主要用于解决以下几类问题：

（1）由系统关键事件引发的 AI 算子下发性能抖动，比如 GC 事件。

（2）由系统关键资源引发的 AI 算子下发性能抖动，比如 CPU、DRAM、HBM 等资源。

（3）由 AI 作业线程的系统操作引发的 AI 算子下发性能抖动，比如写文件、锁操作、访问网络等。

2）解决方案

Host 侧 Profiling 解决方案的整体架构和实现原理如图 6-42 所示。其基本流程是，AI 作业任务涉及的用户 Python 代码、AI 框架、CANN Library、Python 运行时，通过打点技术采集 Python 脚本栈、用户堆栈和内核堆栈的关键系统事件，生成 CPU Trace 数据，并上报给上层的昇腾诊断工具。

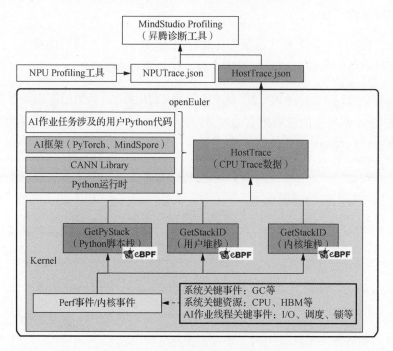

图 6-42　Host 侧 Profiling 解决方案架构图

（1）技术原理

使用 eBPF 技术观测应用程序的关键系统性能事件，并关联丰富的事件内容，从而实时有序地记录应用程序的执行过程和关键行为。

系统性能事件包括：

① 系统关键事件：如操作系统运行时事件，包括文件、网络、锁、调度等系统调用事件，以及 pthread 同步事件等；Python 运行时事件，包括 GC、GIL 锁事件等。

② 系统关键资源：包括 CPU 采样事件、缺页中断事件、HBM 使用率等。

③ AI 作业线程关键事件：主要包括与其他 AI 作业关联的 I/O、调度、锁等事件。

事件内容包括：事件类型、开始时间、结束时间、调用栈、所属的进程/线程等，以及特定事件类型相关的内容，比如文件路径、网络连接等。

（2）技术特点

① 无侵入：使用 eBPF 技术无须侵入用户代码就可以实现对应用程序进行观测。

② 全栈：直接在内核态上下文获取事件的调用栈符号信息，包括内核栈、用户栈及 Python 脚本栈。

③ 精细化：支持观测到线程颗粒度的事件，支持进程级、容器级、Pod 级过滤。

④ 易用性：Profiling 的分析结果以 JSON 格式被存储到文件，可一键导入 Chrome Trace 查看结果，且方便集成到 MindStudio Profiling 工具中，实现 Host+Device 侧端到端全方位的 Profiling 解决方案。

主机侧性能分析技术方案当前正在实现中，将在后续 openEuler 版本中开源。

4. 基于拓扑的根因推导

系统亚健康是指，那些不完全失效但仍会导致系统不稳定或者性能下降的故障，它是云计算系统中的一个常见问题。常见的亚健康包括性能下降、随机的包丢失、片状 I/O、内存抖动、容量压力和其他非致命异常。随着云系统规模和复杂性的增加，亚健康状态变得更加常见。在多租户环境中，执行不同工作负载的云组件之间存在复杂的交互、干扰和依赖关系，这会增加罕见事件的发生频率，并放大其影响。微软根据生产云系统 Axure 的第一手经验表明，亚健康故障是大多数云事件的根因。

亚健康通常会随着数据流异步进行扩散（比如线程之间的故障扩散），也可能随着共享资源扩散（比如进程之间的故障扩散）。另外，在云集群场景中，亚健康故障还会随着微服务之间的访问流扩散，进而将影响扩大至整个系统集群，及时对亚健康故障进行溯源和定位有助于运维人员快速识别根因，并迅速采取必要措施隔离故障域，控制故障影响。

集群定界定位主要包括四个模块，分别是数据采集、数据存储、拓扑感知和故障诊断，如图 6-43 所示。数据采集模块主要采集时序指标数据、元数据及异常检测的系统事件；数据存储模块主要包括 Prometheus、Kafka 和 Arangodb，分别保存时序指标数据、故障事件及实时拓扑图；拓扑感知模块根据多维指标数据的标签信息去生成立体拓扑结构；故障诊断模块主要用于异常检测和根因定界定位，它是最关键的一个模块，下面详细介绍其细节。

故障诊断模块首先采集多维时序指标数据作异常检测，当检测到异常时会触发下游的定界定位。然后定界定位采集多维时序指标数据，动态拓扑计算根据时序指标的来源标签生成拓扑图，结合拓扑图和异常检测输出的异常分数进行根因定界定位。下面对异常检测和拓扑图构建展开介绍。

1）异常检测

异常检测流程如图 6-44 所示，异常检测分为离线训练（实线箭头）和在线检测（虚线箭头）两个阶段。在离线训练阶段，该模块首先对数据进行预处理，如对缺失值进行插入补充，分别对各个指标进行平滑处理以减少噪声和抖动干扰，并将指标的取值范围裁剪到 $(\mu-k\sigma,\mu+k\sigma)$ 的范围内，控制对异常分数的贡献程度，之后按照 $(x\_i-\mu)/\sigma$ 对训练集数据进行标准化；然后采用基于 DMD 的离群点过滤技术找出训练集中的离群点并使用其附近的正常值进行替换；接着基于过滤之后的训练集，采用设计好的多指标重构模型对训练集的数据进行学习和重构，通过计算重构值和真实值之间的误差得到整体的异常分数，其中多指标重构模型使用迁移学习机制来加速训练过程；最后采用 SPOT 模型对训练集的异常分数进行拟合。

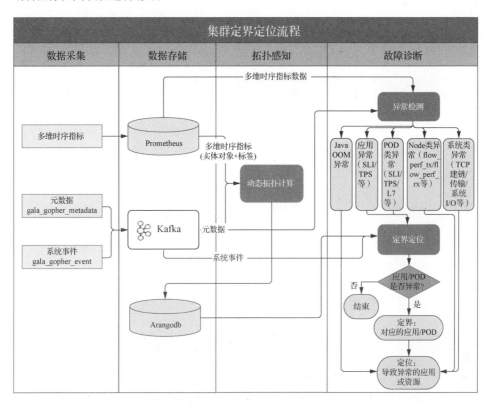

图 6-43　集群定界定位流程图

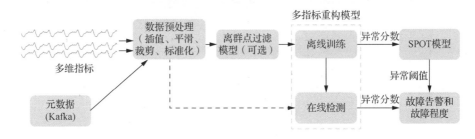

图 6-44　异常检测流程

在线检测阶段，首先利用训练集计算保存的μ和σ，并对测试数据进行相应的预处理操作，接着将预处理后的数据输入多指标重构模型得到重构误差（异常分数），最后该异常分数由离线阶段训练好的 SPOT 模型判断是否超出一定的异常阈值，如果异常分数超出阈值，则输出故障告警和各个指标的故障程度。

2）拓扑图构建

数据采集模块实时采集云原生应用运行态数据，获取运行上下文关系，还原云原生流量代理场景下的真实路径。如图 6-45 所示，基于应用性能 RED、应用性能访问拓扑、进程网络、进程资源和系统资源构建立体拓扑，水平拓扑包括云原生应用互联实时业务流，例如图中的第一层是业务层，主要展示 Web、Nginx、Tomcat、GaussDB、Java App 的访问关系，第二层是云原生 Pod 节点间的连接关系，第三层展示的是主机侧的 Node 节点。垂直拓扑包括应用的部署位置及相关资源占用情况，例如 Web 应用部署在 Pod1 中，Pod1 部署在 Node1 上。相比于微服务调用等信息，其更能实时、准确地反映应用运行的情况。

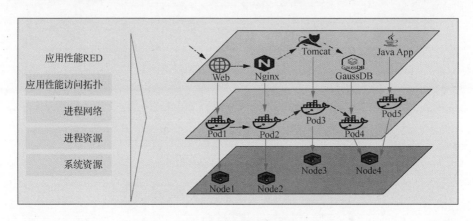

图 6-45　拓扑图构建图

6.3.1.2　openEuler 实现

1. 异常检测模块

在线检测阶段，首先利用训练集计算保存的μ和σ，对测试数据进行相应的预处理操作，具体代码如下：

```
@classmethod
    def preprocess(cls, df_train, df_valid, pro_type, clip_alpha):

        df_train = np.asarray(df_train, dtype=np.float32)
        df_valid = np.asarray(df_valid, dtype=np.float32)

        ori_train, ori_valid = df_train, df_valid

        if pro_type == "minmax":
            scale = MinMaxScaler()
            scale = scale.fit(df_train)
            df_train = scale.transform(df_train)
            df_valid = scale.transform(df_valid)
```

接着将预处理后的数据输入多指标重构模型得到重构误差（异常分数），具体代码如下：

```
self.reconstruct_error = alpha *
np.square(self.model_processed_data - self.model_generate_data) +
(1 - alpha) * np.square(self.model_processed_data -
self.model_reconstruct_data)
```

最后该异常分数由离线阶段训练好的 SPOT 模型判断是否超出一定的异常阈值，如果异常分数超出阈值，则输出故障告警和各个指标的故障程度，具体代码如下：

```
s = Spot(q)
        s.initialize(train_data, level=level)
        self.spot_detect_res = s.run(fit_data)
```

关键技术：AE 和 GAN 结合的多指标重构技术。

AE 和 GAN 结合的多指标重构技术的核心思想是，使用 AE 结构分两个阶段进行对抗训练，将自编码器和对抗生成网络的优势相结合，这样既能更好地对训练集正常指标的模式进行重构，又能保证对抗训练过程的稳定性。

该技术的整体结构如图 6-46 所示，由一个编码器 Encoder 和两个解码器

Decoder1、Decoder2 组成。这三个元素共同组成了两个共享编码器的自编码器 AE_1 和 AE_2。

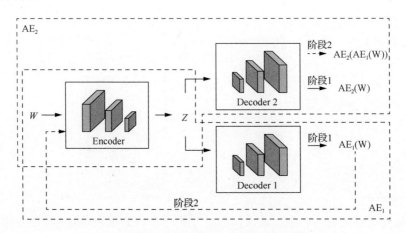

图 6-46   AE 和 GAN 结合的多指标重构技术整体结构

Encoder 和 Decoder 的实现代码如下：

```python
class Encoder(nn.Module):
    def __init__(self, x_dim: int, config: USADConfig):
        super().__init__()
        if not config.hidden_sizes:
            hidden_sizes = [x_dim // 2, x_dim // 4]
        else:
            hidden_sizes = config.hidden_sizes

        latent_size = config.latent_size
        dropout_rate = config.dropout_rate
        activation = config.activation

        self.mlp = build_multi_hidden_layers(x_dim, hidden_sizes,
dropout_rate, activation)
        self.linear = nn.Linear(hidden_sizes[-1], latent_size)

    def forward(self, x):
        x = self.mlp(x)
        x = self.linear(x)
        return x
```

```python
class Decoder(nn.Module):
    def __init__(self, x_dim: int, config: USADConfig):
        super().__init__()
        if not config.hidden_sizes:
            hidden_sizes = [x_dim // 4, x_dim // 2]
        else:
            hidden_sizes = config.hidden_sizes[::-1]

        latent_size = config.latent_size
        dropout_rate = config.dropout_rate
        activation = config.activation

        self.mlp = build_multi_hidden_layers(latent_size,
hidden_sizes, dropout_rate, activation)
        self.output_layer = nn.Linear(hidden_sizes[-1], x_dim)

    def forward(self, x):
        x = self.mlp(x)
        x = self.output_layer(x)
        return x
```

整个网络训练分成两个阶段。第一阶段，两个自编码器各自独立训练，分别学习数据的正常模式，训练目标都是最小化重构误差；第二阶段，进行 AE1 为生成器、AE₂ 为判别器的对抗训练，将 AE1 的重构结果输入 AE2 中，这是为了训练 AE1 去生成更加真实的"假"数据来欺骗 AE2，即最小化训练误差，同时也是为了训练 AE2 能够更好地分辨 AE1 生成的假数据与真实数据，即最大化训练误差。模型对两个阶段的时间并没有明确划分，而是随着训练步骤的不断调整来实现两个阶段的权重调整。模型的训练代码如下：

```python
for epoch in range(self._num_epochs):
        self.model.train()
        train_g_loss = []
        train_d_loss = []
        for x_batch in train_loader:
            x_batch = x_batch.to(self.device)
            x_batch = torch.flatten(x_batch, start_dim=1)

            w_g, w_d, w_g_d = self.model(x_batch)
            beta = np.divide(1, epoch + 1)
            loss_g = beta * loss_func(x_batch, w_g) + (1 - beta)
* loss_func(x_batch, w_g_d)
```

```
        loss_d = beta * loss_func(x_batch, w_d) - (1 - beta)
* loss_func(x_batch, w_g_d)

        train_g_loss.append(loss_g.detach().cpu().numpy())
        train_d_loss.append(loss_d.detach().cpu().numpy())

        optimizer_all.zero_grad()
        loss_g.backward(retain_graph=True)

        g_encoder_grads = self.get_model_gradients
(self.model._shared_encoder)
        loss_d.backward()
        self.update_grads(self.model._shared_encoder,
g_encoder_grads)

        optimizer_all.step()
```

最终异常检测的输出数据如表 6-4 所示。

表 6-4　异常检测输出

参数	参数含义	描述
Timestamp	时间戳	异常事件上报时间戳
Attributes	属性值	主要包括： 1. entity_id 命名规则：\<machine_id>\<*table_name*>\<keys>； 2. entity_id 事件 id：\<timestamp>_\<entity_id>； 3. event_type: 事件主要类型（App/SYS/JVM）； 4. event_source: 事件上报来源； 5. keywords(optional)：事件关键词，用于快速搜索
Resource	资源	异常检测模型输出的信息，主要包括： 1. metric: 异常检测的主指标； 2. labels: 异常 metric 标签信息（例如，Host、PID、COMM/IP）； 3. score：事件的异常分数； 4. root_causes (optional): 推荐的 Top N 根因信息
SeverityText	异常事件类型	INFO, WARN, ERROR, FATAL
SeverityNumber	异常事件编号	9, 13, 178, 21 …
Body	异常事件信息	字符串类型，表示对当前异常事件的描述

异常检测模块的实现代码发布在 openEuler 23.09 中，读者可以通过代码仓进一步了解更加详细的实现细节。

代码仓链接

2. 根因定位模块

根因定位的实现如图 6-47 所示，分为以下三个步骤：

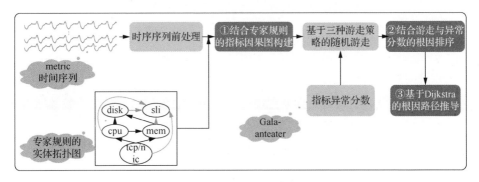

图 6-47　根因定位的实现图

（1）结合专家规则的指标因果图构建：基于 metric 时间序列和专家规则构建以指标为节点的因果关系图。

（2）结合游走与异常分数的根因排序：基于步骤（1）的因果图，以及基于三种游走策略的随机游走和异常程度结合的根因推导技术得到潜在的根因指标排序列表。

（3）基于 Dijkstra 的根因路径推导：基于步骤（2）的根因排序列表，采用基于 Djikstra 算法的根因路径推导技术得到可能的故障传播路径，提高根因的可解释性。

实现代码发布在 openEuler 23.09 中，读者可以通过代码仓进一步了解更加详细的实现细节。

6.3.2　智能化调优服务

6.3.2.1　技术构想

1. 智能调优的背景

在所有类型的软件中，操作系统可能是最错综复杂的软件，也是每个计算机系统的核心软件。这是由于大部分应用程序都运行于操作系统上，由操作系统提供软硬件资源管理，并为应用程序的执行提供受保护的运行环境。因此，操作系统的设计会直接影响其上面运行的所有应用。传统意义上，操作系统是由专业的操作系统工程师通过长期、反复的工程实践构建而成的，设计时需要不断权衡使用场景，确保当前设计对大部分通用场景都是有益的。绝大多数的操作系统（如 Linux 和 Windows）采用的正是这种通用设计。当某种功能机制无法保证对所有场景均有益时，设计者就会在系统中提供一个可配置参数，并确保该参数的默认配置对大部分通用场景有益，而使用者通过更改参数配置来满足特定的使用场景需求。这种设计带来的问题也显而易见，对于不同的硬件和不同的应用，使用默认参数配置只能保证整个系统勉强可用，无法充分发挥软硬件的性能。

系统调优一直是一个门槛很高的系统性工程，高度依赖工程师的技能和经验。例如，一个简单的应用，除了自身代码，支撑其运行的环境，如硬件平台、操作系统、数据库等都可能是影响其性能的重要因素。如何在众多因素中找到性能瓶颈，需要工程师们熟悉大量参数的含义、配置方法及业务场景，并不断积累经验，才能对系统进行快速精准调优。

目前，IT 系统中的系统调优主要通过系统调优工程师进行正向白盒调优，其调优过程包括：性能调优场景及指标确认→业务建模→关键能力诉求分析→性能测试→性能瓶颈识别→优化效果验证。其中，性能瓶颈识别和优化效果验证（参数调节）通常是最耗时的阶段，且充满了许多重复工作。在麻省理工学院的公开课"Performance Engineering of Software Systems"中有一个性能调优的经典实例，使用不同的方式进行 4800×4800 的矩阵乘法，实测结果如图 6-48 所示，首先通过 Python 来实现，计算所花费的时间为 61 162 秒，即 16 多个小时，如果使用 C 语言来实现，花费时间是 757 秒，性能提升了近 80 倍，这体现了编译型与解释型语言性能方面的显著差别。作者又使用 C 语言多线程并行计算来实现，花费时间为 47 秒，性能再次提升了近 16 倍。如果把需要计算的数据直接存放在 CPU 的缓存当中，这就去掉了从主存到缓存之间的调用时间，性能再次提升，花费的时间为 6.02 秒，性能提升了近 7 倍，如果直接使用汇编的 NEON 向量指令来计算，所花费的时间只有 1.99 秒。从 Python 的 6 万多秒，最后调优到不到两秒，性能提升了 3 万倍，从这个对比可以看出，给定相同的任务和相同的需求，使用不同的方式来实现和完成，再加上一些特定的条件，性能可以大幅提升。由此可见，性能调优的重要性。

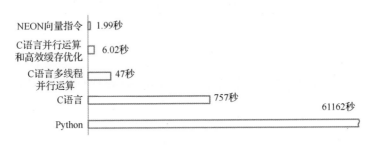

图 6-48　矩阵乘法加速效果实测结果

从操作系统调优的维度来看，性能调优可分为配置参数调优、策略调优、代码级调优和架构级调优，这四个维度的调优成本是逐步增加的，但是其调优效果也是逐步提升的，如图 6-49 所示。从最终结果来看，这几个维度的效果是可以叠加的，因此，在实际场景中可根据成本投入选择一个或多个维度进行调优。

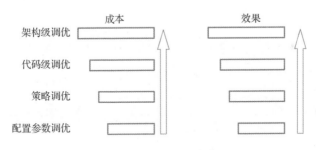

图 6-49　不同维度调优的成本和效果

2. 智能调优的难点

openEuler 操作系统是基于 Linux 内核的，而 Linux 内核是一个面向通用场景设计的宏内核。随着硬件和软件应用几十年来的不断发展，Linux 内核正变得越来越复杂，而整个操作系统也变得越来越庞大。在 openEuler 操作系统中，仅 sysctl 命令（用于运行时配置内核参数的命令）的参数（sysctl -a | wc -1）就超过 1000 个，而完整的 IT 系统从最底层的 CPU、加速器、网卡，到编译器、

操作系统、中间件框架，再到上层应用，可调节对象超过 7000 个。此外，不同参数的调节空间也不同。有些参数只是功能的开关，如/proc/sys/kernel/numa_balancing（启用自动 Numa 平衡的配置参数）只有 0 和 1 两个可选配置，对这类参数的调节通常只需要进行两次验证。而有些参数则是一个很大的连续区间，如/proc/sys/net/core/wmem_max（最大的 TCP 数据接收窗口参数），这类参数的调节则需要大量验证。当然，参数对系统性能的影响也各不相同，有些参数对系统性能可能是没有影响的，而有些参数对系统性能具有很大的影响。在影响系统性能的参数中，每个参数对系统性能的影响效果又不同，对不同参数的调节甚至会相互影响。在这样的情况下，让系统工程师或运维人员去做系统调优是非常困难和耗时的。综上所述，操作系统调优存在以下几方面难点：

难点 1：软件规模剧增，当前系统软件可调参数已超过 7000 个，远超出人工调优的能力范围。

难点 2：系统复杂，经验难以固化，各领域投入大量人力成本。如表 6-5 所示，不同产品在不同模块的调优时间都不相同，因为其需要不同的领域知识，且这些知识难以从一个产品迁移到另外一个产品中，导致每次调优均需要耗费较多人力。

表 6-5　各领域专家投入不同产品的调优时间案例

各领域专家投入	产品 A	产品 B	产品 C
业务模块	5	10	8
产品平台	4	6	2
操作系统	5	8	15
编译器	2	2	2
BIOS	2	2	2
芯片	2	2	3
人力总计	20	30	32
调优时间/人月	2	4	6

难点 3：随着业务变化、负载变化，原有的系统资源配置无法自动适应新的业务和负载。例如，互联网的一些核心业务资源使用情况存在潮汐波动，白天对资源的消耗大，夜间对资源的消耗小，因此系统调优需要具备让系统资源根据业务潮汐变化而变化的能力。

难点 4：算力过度供给，缺乏按需供给的动态调节，数据中心平均资源利用率只有 30%，造成资源、能耗的严重浪费。如何通过资源优化、业务部署优化等能力来提升资源利用率，进而降低成本。

难点 5：底层软硬件设计缺少感知上层业务行为而进行调整的能力。如图 6-50 所示，需要结合硬件配置、业务行为、资源指标等维度进行综合调优，才能获得最优性能。

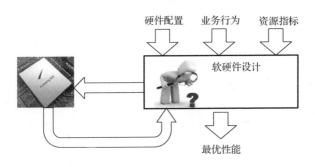

图 6-50　基于软硬件协同设计的调优

难点 6：性能与功耗、业务与业务之间存在相互依赖和制约，人工调优难以达到均衡的状态。例如，为了提升性能，导致机器功耗的大幅增加，这种优化从全局角度来看，可能得不偿失。

面对上述这些难点，openEuler 操作系统推出了面向性能调优领域的自调优工具 A-Tune，旨在让操作系统能够满足不同应用场景的性能诉求，降低性能调优过程中反复调参的人工成本，提升性能调优效率。

3. A-Tune 基本原理

A-Tune 的整体架构如 6-51 所示，其整体上是一个 C/S 架构。客户端 atune-adm 是一个命令行工具，通过 gRPC 协议与服务端 atuned 进程进行通信。服务端中的 atuned 包含一个前端 gRPC 服务层（采用 golang 实现）和一个后端服务层。gRPC 服务层负责优化配置数据库管理和对外提供调优服务，主要包括智能决策和自动调优。后端服务层是一个基于 Python 实现的 HTTP 服务层，包含 MPI（Model Plugin Interface）/CPI（Configurator Plugin Interface）和 AI

引擎。其中，MPI/CPI 负责与系统配置进行交互，AI 引擎负责对上层提供机器学习能力，主要包括用于模型识别的分类、聚类和用于参数搜索的贝叶斯优化。

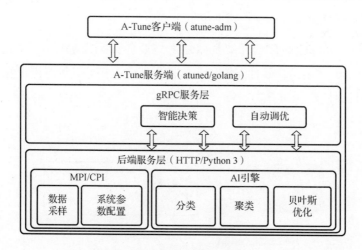

图 6-51　A-Tune 的整体架构

目前 A-Tune 主要提供两种能力：智能决策和自动调优。

智能决策的基本原理是，通过采集系统数据，利用 AI 引擎中的聚类和分类算法对采集到的数据进行负载识别，得到系统中当前正在运行的业务负载类型，并从优化配置数据库中提取优化配置，最终选取适合当前系统业务负载的优化配置。通常来说，服务器操作系统的业务场景可分为若干种类型（例如，大数据、内存密集型计算、数据库、网络服务器等），而不同业务场景下的负载也呈现出不同的特点（例如，CPU 计算密集型负载、I/O 密集型负载等）。因此，对于不同业务类型的负载，操作系统可通过智能决策模块灵活选取不同的参数配置，以优化系统性能。智能决策模块一般用于应对一些已知的业务场景和系统负载，即已经收集到足够的离线数据样本来训练负载识别模型和参数选取模型。在业务场景和负载类别确定后，A-Tune 先通过智能分析模块来识别实时负载的类别，再智能选取参数配置来优化这一类业务场景和负载的系统性能。

自动调优的基本原理是，基于系统或应用的配置参数及性能评价指标，利用 AI 引擎中的参数搜索算法反复迭代，最终得到性能最优的参数配置。与智能决策不同之处在于，自动调优模块应对的业务场景和负载的历史数据样本较小（甚至无历史数据样本），因此需要探索最佳的参数配置来优化系统性能。此外，智能决策模块的参数调优通常是针对某一种类型的业务场景和负载，其优化程度取决于历史数据，颗粒度也相对较大；而自动调优模块则可为单一业务场景和特定负载实现定向参数调优，其优化更具有针对性，颗粒度也相对较小，能实现系统参数配置的进一步优化。

接下来，对智能决策和自动调优两个模块在 openEuler 上的技术实现细节进行详细介绍。

6.3.2.2　openEuler 当前实现

1. 智能决策模块

智能决策流程如图 6-52 所示，主要包含三个模块（数据采集模块、负载学习模块、感知决策模块）和两个阶段（离线训练阶段和在线决策阶段）。

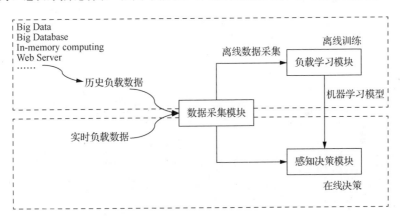

图 6-52　A-Tune 智能决策流程

在离线训练阶段，智能决策系统通过数据采集模块，收集 openEuler 操作系统中不同业务场景运行时的历史负载数据，并整理为有监督的离线负载数据集。负载学习模块则在离线负载数据集的基础上，进行聚类分析及业务负载特征分类训练，生成对应的机器学习模型，并将不同类型的负载映射到其最优的系统参数配置。

在线决策阶段，智能决策系统首先通过数据采集模块采集操作系统当前的实时系统负载数据，并根据维度将数据整理为若干组在线数据样本。感知决策模块将在线数据样本作为机器学习模型的输入，推理出当前系统负载的聚类、分类结果，并识别出业务负载的瓶颈点，根据业务当前的负载瓶颈点及类型，来调节对应的操作系统参数。

1）负载学习模块

负载学习模块实现了数据处理、负载瓶颈点识别聚类和负载特征分类建模三项功能，处理流程如图 6-53 所示。有监督的离线数据需要经过以下三个步骤：

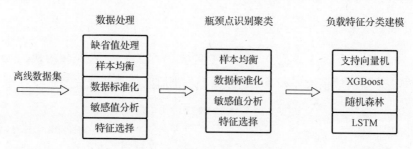

图 6-53　负载学习模块的处理流程

（1）数据处理：经过数据预处理、统计分析、特征选择，建立可供训练学习的标准数据集。

（2）瓶颈点识别聚类：根据操作系统中不同的资源维度进行瓶颈点聚类分析。

（3）负载特征分类建模：基于聚类分析结果建立负载特征分类模型。

● 数据处理

操作系统的软硬件资源的全局分析视角如图 6-54 所示，对于 openEuler 上运行的常见业务场景（包括大数据、内存计算、数据库、网络服务器等），负载学习模块将从软件资源和硬件资源两个角度，收集不同业务在运行过程中所涉及的特征及具体的生命周期数据。

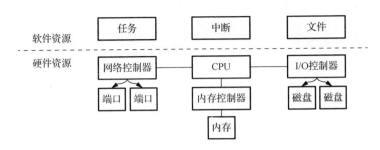

图 6-54　操作系统的软硬件资源全局视角

　　数据样本集涉及的主要特征维度包括 CPU、内存、网络等资源的利用率、饱和度及性能等。数据采集的主要维度和内容如表 6-6 所示。由于原始数据集存在维度较多且采集内容存在部分缺省值、样本不均衡等问题，从而影响了机器学习算法实现的效率及精度。因此，在学习建模开始前，需进行常见的数据预处理及特征选择工程实现，生成适用于模型训练的标准化数据集。

表 6-6　数据采集维度及主要内容

资　　源	类　　型	代表含义
CPU	利用率	CPU 利用率，判读是否为 CPU 密集型
	饱和度	CPU 饱和度，用队列长度来衡量
	性能	每秒执行的指令数量
	……	……
内存	利用率	内存容量的利用率
	饱和度	内存容量的饱和度，用交换到 swap 分区的大小来衡量
	性能	系统内存带宽大小
	……	……
网络端口	利用率	网络端口的带宽利用率
	饱和度	网络端口的饱和度
	性能	每秒接收的包的数量
	……	……
I/O	利用率	表示设备有 I/O（即非空闲）的时间的占比
	饱和度	I/O 的饱和度，用平均 I/O 队列长度来衡量
	性能	块设备每秒接收的块数量
	……	……

续表

资　　源	类　　型	代表含义
任务	利用率	任务容量的使用率
	饱和度	任务容量的饱和度，用当前阻塞的进程数量来衡量
	性能	每秒创建的任务数量
	……	……
中断	利用率	系统软硬中断的 CPU 使用率
	饱和度	系统每秒上下文切换的次数
文件描述符	利用率	文件描述符的使用率

- 瓶颈点识别聚类

操作系统对业务性能的影响主要体现在对硬软件资源的分配方式上，因为资源分配的高压力与瓶颈点可能会直接造成业务的性能下降。然而，面对成千上万的开放应用，操作系统无法对每种应用进行特定的资源配置和参数设置，但可以根据应用负载数据中所反映出的资源瓶颈点实现合理化、最优化配置。因此，智能决策系统可以根据训练样本集进行无标签分析，通过无监督的聚类学习来分析训练样本集中不同业务场景的瓶颈点位置。

为了得到可解释性强的聚类分析结果，openEuler 根据资源类别，从 CPU、I/O、网络、内存四个角度分别对训练样本集进行聚类分析，根据维度数据是否达到瓶颈点对训练样本做出相似性归类。

以 CPU 为例，基于 CPU 的单核和多核的平均利用率、进程在内核模式下的执行时间等运行态数据，应用 K-Means 聚类算法对采集的离线数据集进行二分组聚类，根据距离最小化将负载数据集分为低压力无瓶颈点负载和高压力CPU 瓶颈点负载两种类型，并得到每种类型负载的中心点，且将学习生成的聚类模型传递到感知决策模块。

- 负载特征分类

对于瓶颈点相似的业务场景，不同的业务负载特征对系统参数的最优配置有较大的影响。比如，内存计算和网络服务器在高压力场景下的业务都存在CPU 维度的性能瓶颈，但其负载特征显然不是完全一致的。因此，针对相同性能瓶颈的业务，负载特征分类使用监督学习分类模型。如图 6-55 所示，对系统的性能数据进行聚类分析，根据不同的负载特征，将瓶颈进行分类，如 CPU 瓶颈、网络瓶颈、I/O 瓶颈、CPU-内存共同瓶颈、CPU-网络-内存共同瓶颈和 CPU-I/O 共同瓶颈等，然后利用机器学习分离器对每种瓶颈类型的数据进行二次聚类，以达到更加专业的负载特征分类的目的，最终将它们用于各种业务类型（如 Databas、Big data、WebSerer 等）进行参数调优。

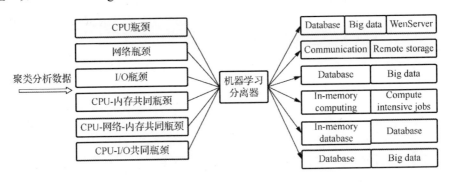

图 6-55　负载特征分类

2）感知决策模块

感知决策模块是指基于预训练的机器学习模型，实现智能决策系统的在线决策功能。感知决策模块主要包括以下功能：

（1）将实时采集的系统负载数据输入训练生成的聚类模型中，判断当前系统负载的瓶颈点。

（2）将实时数据输入相应的分类模型中，推理出当前系统负载的具体分类结果。

（3）根据前面得到的系统负载瓶颈点和业务分类结果，找到对应最优的系统参数配置，并在操作系统中设置生效。

举例来说，图 6-56 展示了 openEuler 操作系统运行内存密集型计算业务的感知决策模块处理流程。智能决策系统首先实时采集当前负载数据并传递到感知决策模块，将其作为聚类模型的输入。通过聚类模型分析后，该业务被判定为 CPU-内存共同瓶颈型业务。然后，将负载数据输入面向 CPU-内存共同瓶颈型业务的支持向量机分类器中，得到推理的分类结果为内存密集型计算类型。最后，感知决策模块根据模型输出的结果，设置内存大页、刷新率等相关的操作系统参数优化配置，实现了该应用 40% 左右的性能提升。

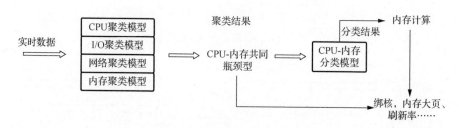

图 6-56　感知决策模块处理流程

2. 自动调优模块

作为 A-Tune 工具中的另外一个核心功能，自动调优主要针对实时业务场景和负载，利用 AI 引擎来搜索最佳的系统参数配置，以优化系统和应用性能。与智能决策模块不同之处在于，自动调优模块主要解决以下两类问题：

（1）业务场景和负载的历史数据样本较小或无历史数据样本，无法通过有效的离线训练获得此类负载的优化配置经验。

（2）自动调优对系统参数的优化颗粒度更细，可为单一业务场景和特定负载实现定向参数调优，能实现系统参数配置的进一步优化。

然而，操作系统的可调参数数量巨大且业务复杂度极高。当前，硬件和基础软件组成的应用环境涉及高达 7000 多个配置对象。如图 6-57 所示，随着业务复杂度和调优对象的增加，参数调优所需的时间成本呈指数级增长。这就导致调优效率急剧下降，给系统调优设计带来巨大挑战。传统的基于人工经验的调优方法在应对上述挑战时变得力不从心，亟须一种高效的自动调参算法。

当前常见的自动调参算法有 Grid Search（网格搜索）、Random Search（随机搜索）、Bayesian Optimization（贝叶斯优化）等。

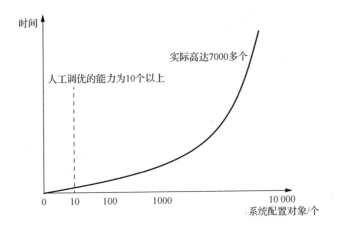

图 6-57　系统配置参数数量与调优时间的关系

网格搜索又叫穷举搜索，会搜索整个参数空间。比如，有 n 个参数，每个参数有 k 个取值，那么搜索空间的大小为 k 的 n 次方。这会导致在高维空间遇到维度灾难，因此仅在少量的参数上进行网格搜索是可行的。

随机搜索是在不同的参数维度上随机选取参数值进行组合，可能出现效果特别差的参数配置，也可能出现效果特别好的参数配置。在尝试次数和网格搜索相同的情况下，往往会取得更好的性能值。但是随机搜索的不同尝试之间是相互独立的，无法利用先验知识来选择下一组参数组合。

贝叶斯优化在调优过程中可以形成对参数设置和性能之间的关系认知，利用部分先验知识来优化选择下一组试验参数。这一特点使得其可以使用尽量少的试验次数找到最优的性能。openEuler 操作系统中采用了基于贝叶斯优化的自动调优技术，下文将详细展开介绍。

1）基于贝叶斯优化的自动调优技术

先了解一下贝叶斯优化的基本原理。假定 X 为参数配置空间，x 为选定参数，$f(x)$ 为优化目标函数，那么贝叶斯优化就是要寻找最优的 x^* 使得 $f(x)$ 的值最小，即

$$x^* = \arg\min_{x \in X} f(x)$$

其中，arg 表示取函数的参数。这里的优化目标函数 $f(x)$ 通常为一个黑盒函数（即并不知道其确切的函数表达式），计算一次需要花费大量资源，且不可导。贝叶斯优化给出了求解此问题的方法。

贝叶斯优化的思路是，首先生成一个初始候选解集合；然后根据这些点寻找下一个最有可能是极值的点，并将该点加入集合中，重复这一步骤，直至迭代终止；最后，从这个候选解集合中找出函数值最小的点作为问题的解。贝叶斯优化最核心的问题是，如何根据现有搜索点，从下一次迭代过程中选择下一个搜索点加入集合。这主要通过高斯回归过程和采集函数（Acquisition function）实现。因为 $f(x)$ 是一个黑盒函数，因此需要根据已有的探索点对此函数进行估值，产生一个 $f()$ 的估值函数来判定下一个最有可能是极值的搜索点。贝叶斯优化采用了高斯回归过程来估计其他点目标函数值的均值和方差，并根据估计的均值和方差构造采集函数来估计每一个点是函数极值的可能性。常见的采集函数有 Probability of Improvement（PI）、Expected Improvement（EI）和 Lower Confidence Bound（LCB）。在大多数情况下，采集函数会提供一个超参数来平衡"探索"（选择最优值）和"开发"（尝试没有试过的值），避免陷入局部最优。有关高斯回归过程和采集函数的原理性内容，读者可参见其他材料，本书不做详述。

基于上述思想，可将贝叶斯优化过程表述为以下几步：

Step 1：对目标函数进行初始采样，并利用高斯回归过程建立目标函数的估值模型。

Step 2：找到在采集函数上最佳的极值点 x_t 作为下一个搜索点。

Step 3：将 x_t 应用于真正的目标函数，运行得到目标函数值 $f(x_t)$。

Step 4：用包含 $[x_t, f(x_t)]$ 的样本集合来更新估值模型。

重复步骤 2～4，直到达到最大迭代次数或时间超时。选择所有样本集合中使目标函数值最小的节点作为最优解。

下面用一个具体的例子来阐述贝叶斯优化的一次迭代过程。图 6-58 和图 6-59

分别展示了 $t-1$ 时刻和 t 时刻的高斯回归过程及 EI 采集函数。其中，实心点代表已搜索点，实线代表真实目标函数曲线，虚线代表采用高斯回归过程创建的估值模型（虚线上的点即均值），阴影区域代表此估值的方差。在图 6-58 中，当前样本中的已搜索点为 5 个，利用高斯回归过程生成的估值模型与实际目标函数间的偏差较大。此时，通过 EI 采样函数分析出最佳极值点，并以它作为下一个采样点。图 6-59 中加入了图 6-58 中的采样点并更新了高斯回归过程创建的估值模型，其整体趋势已进一步逼近真实函数。此时，通过 EI 采样函数再次分析出最佳极值点，并作为下一个采样点，开始下一轮迭代。

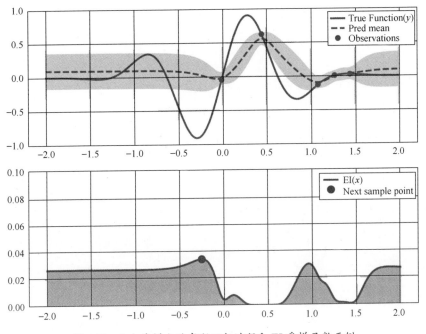

图 6-58　5 个采样点的高斯回归过程和 EI 采样函数示例

图 6-60 展示了 A-Tune 自动调优的基本流程，主要包含客户端、服务器端和贝叶斯优化三部分，其目标是自动对运行在服务端的业务进行自动优化，即确定服务端需要调节的参数，并通过自动调节这些参数来提升业务的性能。openEuler 操作系统通过服务端的 .yaml 文件进行参数空间的配置，详细的服务端配置可参考 A-Tune 用户指南。

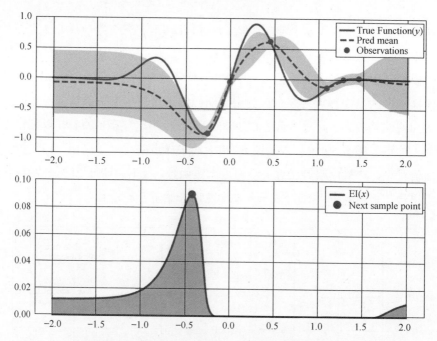

图 6-59　6 个采样点的高斯回归过程和 EI 采样函数示例

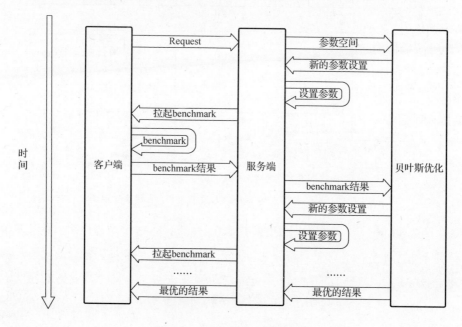

图 6-60　A-Tune 自动调优流程

2）案例：利用 A-Tune 进行性能自动调优。

下面通过一个优化 MySQL 的场景来了解 A-Tune 的自动调优过程。

首先，在客户端运行下面的命令：

```
atune-adm tuning mysql-client.yaml
```

该命令中，mysql-client.yaml 为客户端的配置文件。在客户端的.yaml 文件里，需要指定客户端 benchmark 的拉起脚本和获得 benchmark 结果的命令，并且指定调节的次数。.yaml 文件的配置示例如下：

```
1.   project: "mysql"
2.   iterations : 20
3.   benchmark : "sh /home/Benchmarks/mysql/tunning_mysql.sh"
4.   evaluations :
5.   -
6.   name: "tps"
7.   info:
8.   get: "echo -e '$out' |grep 'transactions:' |awk '{print $3}' | cut
     -c 2-"
9.   type: "negative"
10.  weight: 100
11.  threshold: 100
```

拉起调优服务之后，客户端会给服务端发送一个请求，继而服务端将可以调节的参数空间发送给负责运行贝叶斯优化的服务器。然后，贝叶斯优化算法会随机选出新的参数设置并发给服务端；服务端将收到的参数进行自动设置，并通知客户端拉起 benchmark 进行测试。客户端完成测试之后，收集测试的 benchmark 结果并发送给服务端。之后，服务端再发给负责运行贝叶斯优化的服务器；贝叶斯优化根据收到的 benchmark 结果和可调节的参数空间，计算出新的参数设置，并发给服务端；服务端将收到的参数进行自动设置并通知客户端拉起 benchmark 进行测试。以上过程不断循环，直到达到规定的调节次数，完成调优过程。调优结束后，负责运行贝叶斯优化的服务器将最优的性能和参数设置发回给服务端，服务端再发给客户端显示出来。

代码仓链接

A-Tune 的实现代码发布在 openEuler 22.03 中，读者可以通过代码仓进一步了解更加详细的实现细节。

6.3.2.3　展望：基于大模型的智能调优技术

当今基于大模型的应用越来越多，包括但不限于基于大模型的知识问答、智能运维技术、Agent 智能代理、自动驾驶技术等。A-Tune 作为一款成熟、稳定的智能调优工具也亟待与大模型相结合，推出更加智能且高效准确的调优开源产品。

1. 知识赋能大模型

虽然大模型拥有广泛的软硬件知识，但在特定领域的自研软件或专有知识库方面可能不够全面。因此，将本地知识库与大模型结合，增强其专业性和实用性是至关重要的。下面以 MySQL 场景为例，介绍如何通过知识赋能大模型。

如图 6-61 所示，通过将原始文档输入一个特定的大模型 Agent（参数提取 Agent），这个 Agent 可以从原始文档中提取一系列参数，组成一个参数集合。

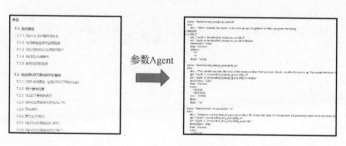

图 6-61　参数提取过程

2. 大模型初始参数推荐

大模型已经获取了与 MySQL 和系统相关的参数集合。在 A-Tune 的调优过程中，选择适宜数量的最优参数对整个调优系统极为重要。通过精心选择参数，调优系统能够专注于对 MySQL 系统性能提升有显著影响的参数，使得 MySQL 的调优过程更为精确和细致。根据对性能数据的收集和分类将当前系统划分为五种类型：CPU 密集型、磁盘 I/O 密集型、网络密集型、内存密集型及其他类型。A-Tune 根据当前的工作负载自适应地生成相关的性能报告。例如，下面展示了一个以 I/O 瓶颈为案例的报告：

```
12.    network_adapter = data["网卡指标"].item()
13.    report +=f"其中网卡相关指标信息如下"\n(network_adapter}
14.    if listenoverflows == 1:
15.        report+="系统存在因为监听队列回滚而丢弃 TCP 链接的现象。这通常表明
16.        系统无法及时处理传入的链接请求，导致链接被系统自动丢弃\n"
17.    if fulldocookies == 1:
18.        Report += "系统存在因为 TCP 请求队列满了而发送 SYN COOKIE 的现象。
19.        这通常表明系统无法及时处理传入的链接请求，导致内核要自动采取措施来处理
20.        这些请求，列入发送 SYN COOKIE\n"
21.    history = []
22.    Io_promp = """当前有 Linux 系统网卡的数据指标，你的任务是使用这些性能指标，
23.    生成一份逻辑清晰、条理清楚的网络 I/O 的性能总结报告。数据指标是在 Linux
       系统中执行 netstat-i 获得的输出，内容如下：
       [network_adapter]
       请注意，你的报告应该满足以下要求：
       1．你只能用分析对系统性能可能产生影响的指标数据。
       2．如果说明书中有系统指标的具体数值，在最终生成的报告中请不要丢失这
       些信息，这样会让你的分析真实可信。
       3．在你的报告中不需要给出优化建议。
       你的总结报告不要超过 150 字！
```

参数提取 Agent 生成一系列候选调优参数，结合大模型生成的系统负载报告在当前负载场景选择合适的调优配置参数。在初始参数推荐阶段，例如：

```
A-Tune:    根据当前系统负载，我需要对 MySQL 进行性能调优，你帮我推荐合适的
           调优参数？
大模型:
1.  innodb_buffer_pool_size: 缓存大小，提升数据处理速度。推荐值：可用内
    存的 70%。
2.  innodb_log_file_size: 重做日志大小，影响恢复速度和磁盘 I/O。推荐值：
    1GB 至 4GB。
3.  max_connections: 最大连接数，防服务过载。推荐值：1000～2000，基于实
    际需求。
4.  query_cache_size: 查询缓存大小，加速重复查询。若启用，推荐值：几十 MB
    至几百 MB。
5.  sync_binlog: 控制日志同步频率，平衡安全与性能。推荐值：1 或更大，依据
```

容忍丢失数据的程度。

6. `thread_cache_size`：线程缓存，减少线程的创建、销毁开销。推荐值：根据并发量调整，如 25～100。

7. `innodb_flush_log_at_trx_commit`：控制事务日志刷新策略，影响持久性和性能。推荐值：根据数据的安全性需求选择(1=最安全但较慢，2=折中，0=最快但有风险)。

3. 大模型参数调优

通过解析大模型的参数推荐和参数值推荐，可以获得对应 A-Tune 的输出 .yaml 配置文件。A-Tune 拥有大量的参数优化算法，包括贝叶斯优化、gbrt、网格搜索等，将相邻两次参数推荐及应用相邻两次参数后调优所得的量化值提供给大模型，最终新一轮参数值由三方面组成，分别是相邻两次参数调整的变化趋势、该变化趋势带来的性能影响，以及 A-Tune 通过传统优化算法推荐的新一轮参数值。大模型能帮忙消除异常值，以及通过大模型自身知识积累提供某些参数的最优选择。比如，下面的例子：

A-Tune：我现在正在进行参数调优,通过 QPS 来判断 MySQL 调优后的性能变化,QPS 越大代表调优性能越好。

第一次调优的 MySQL QPS 值为 1200，参数对应如下：

`innodb_buffer_pool_size`：缓存大小，提升数据处理速度。推荐值：1024MB。

`innodb_log_file_size`：重做日志大小，影响恢复速度和磁盘 I/O。推荐值：1GB 至 4GB。

`max_connections`：最大连接数，防服务过载。推荐值：1000～2000，基于实际需求。

`query_cache_size`：查询缓存大小，加速重复查询。若启用，推荐值：几十 MB 至几百 MB。

`sync_binlog`：控制日志同步频率，平衡安全与性能。推荐值：1 或更大，依据容忍丢失数据的程度。

`thread_cache_size`：线程缓存，减少线程创建、销毁开销。推荐值：根据并发量调整，线程数为 12。

`innodb_flush_log_at_trx_commit`：控制事务日志刷新策略，影响持久性和性能。推荐值：根据数据的安全性需求选择(1=最安全但较慢，2=折中，0=最快但有风险)。

第二次调优的 MySQL QPS 值为 1800，参数对应如下：

`innodb_buffer_pool_size`：缓存大小，提升数据处理速度。推荐值：2048MB。

innodb_log_file_size: 重做日志大小，影响恢复速度和磁盘 I/O。推荐值：1GB 至 4GB。
max_connections: 最大连接数，防服务过载。推荐值：1000～2000，基于实际需求。
query_cache_size: 查询缓存大小，加速重复查询。若启用，推荐值：几十 MB 至几百 MB。
sync_binlog: 控制日志同步频率，平衡安全与性能。推荐值：1 或更大，依据容忍丢失数据的程度。
thread_cache_size: 线程缓存，减少线程创建、销毁开销。推荐值：根据并发量调整，线程数为 18。
innodb_flush_log_at_trx_commit: 控制事务日志刷新策略，影响持久性和性能。推荐值：根据数据的安全性需求选择(1=最安全但较慢，2=折中，0=最快但有风险)。

根据这两次的调优值，帮我推荐新一轮的调优参数（参数要简洁、明了），例如
max_connections: 1300　# 最多用 30 字说明原因

大模型回答：

innodb_buffer_pool_size: 3072MB # 根据 QPS 的提升，继续增加缓存大小，以提高数据处理速度。
innodb_log_file_size: 2G # 考虑到日志写入效率，适度增加以平衡 I/O 性能。
max_connections: 1500 # 随着并发需求的增加，适当增加最大连接数，支撑更高负载
query_cache_size: 256MB # 加大查询缓存，假设查询重复率较高，进一步加速响应
sync_binlog: 2 # 折中策略，在保证数据安全性的前提下，优化写入性能
thread_cache_size: 24 # 配合连接数增加，进一步减少线程创建、销毁的开销
innodb_flush_log_at_trx_commit: 1 # 若数据的安全性要求高，保持最高的安全设置；若可接受较低，可调整为 2 测试性能

通过对上述参数的解析及应用一些参数滤波和加权算法，利用加权 A-Tune 推荐的参数与大模型推荐的参数来精细化下一轮参数调优。

4. 总结

基于大模型的智能调优技术的形式多种多样，利用大模型生成系统负载报告并结合大模型参数 Agent，可以实现从原始文档到结构化知识的生成。从而可以在参数选择阶段选择最优的参数集合，同时 A-Tune 在参数调优阶段对异常值的修正也具有更好的效果，进一步避免了调优阶段对系统造成过大的负载，从而获得更加合理的调优结果。

6.4 NEW POSIX 接口

在现代计算环境中，高性能计算（HPC）和云计算资源的高效管理对于各类计算密集型任务的成功至关重要。无论是科学研究中的模拟计算，还是商业应用中的数据分析和机器学习，这些任务对计算资源和存储带宽的需求日益增长。然而，当前的资源管理方式通常依赖于用户手动指定具体的设备型号和资源类型，这种方法存在诸多局限性，如存在复杂性高、资源利用率低、灵活性差和扩展性受限等问题。

随着人工智能技术和应用的快速发展，这些局限性变得更加突出。AI 和机器学习任务通常需要大量的计算资源，并且对计算环境的要求极高，传统的手动资源管理方法难以满足这种高动态性和高复杂性的需求。在 AI 训练和推理过程中，计算资源的需求变化频繁，手动配置资源不仅效率低下，还可能导致资源浪费或性能瓶颈。特别是在异构计算环境中，存在多种不同型号的 GPU 等各类加速卡，用户难以充分发挥整个集群的计算优势。

6.4.1 传统的设备与资源管理方式

1. 手动指定资源的流程

在当前的高性能计算系统中，用户需要手动指定具体的资源类型及数量，以确保任务的正确执行。下面以一个简单的例子来说明整个过程：

设备识别：用户首先需要了解系统中可用的设备情况。通过命令行工具或编程接口，用户可以列出系统中所有的 GPU 设备。例如，在使用 TensorFlow 时，用户可以通过如下代码来查看可用的 GPU：

```
from tensorflow.config import list_physical_devices
print(list_physical_devices('GPU'))
```

设备选择：根据任务需求，用户可以选择特定的设备进行计算。这一步通常涉及设置环境变量或者在代码中指定设备。例如，使用 CUDA 的环境变量指定 GPU：

```
import os
os.environ["CUDA_VISIBLE_DEVICES"] = "0"  # 只使用第一个 GPU
```

资源分配：在多任务环境下，用户需要手动分配资源，以避免冲突。这可能涉及调整设备内存、处理器核数等参数，确保每个任务都有足够的资源运行。例如，在使用 PyTorch 时，用户可能会指定如下设备：

```
device = torch.device("cuda:0" if torch.cuda.is_available() else
"cpu")
tensor = tensor.to(device)
```

2. 问题与局限性

在以上的过程中，需要用户手动指定和管理计算资源，这种方式会带来如下问题。

管理复杂度高：用户必须深入了解硬件配置和系统架构，这对用户来说非常不友好。手动配置和管理资源需要投入大量的时间和精力，且容易出错。在一个包含多异构设备的环境中，用户需要了解每个设备的型号、性能、负载情况，以及如何在多个任务之间合理分配资源。这种复杂性增加了用户使用的门槛，特别是对于没有深入技术背景的用户。

资源利用率低：由于用户难以具备全局视角，同时加上负载本身具备的动态特征，采用这种手动管理资源的方式往往导致系统资源利用率低下。例如，一些 GPU 闲置而另一些则超负荷运行。这种情况在多用户环境中尤为突出，一些用户在繁忙时段占用大量资源，而另一些用户在非繁忙时段有大量资源闲置，整体资源利用率不高。

灵活性差：由于手动管理缺乏灵活性，难以快速响应动态变化的工作负载需求。用户无法在运行时根据实际情况调整资源配置，导致系统性能和响应能力受限。例如，当某个任务突然需要更多的计算资源时，如果系统无法自动调整分配，只能通过手动干预，就会显著影响服务的整体性能。

扩展性问题：在大规模计算环境中，手动管理显得尤为不适用。随着系统规模的扩大，手动配置的复杂度和出错概率成倍增加，无法满足大规模并行计算的需求。例如，在数据中心环境中，上千张异构加速卡需要配合负载进行高效管理和调度，这种情况下采用手动管理几乎是不可能完成的任务。

综上所述，在一个类似数据中心的大型系统中，通常会存在多种不同型号的 GPU 或其他加速卡。这些设备在性能、内存、带宽等方面各不相同，如何有效地管理和调度这些异构资源成为一大挑战。手动指定设备使得用户难以充分利用整个集群的优势，可能导致一些设备闲置，而另外一些设备过载。例如，一个数据中心可能同时拥有 NVIDIA V100、A100 及较旧的 P100 等不同型号的 GPU，如果用户只能手动指定设备，可能无法充分利用这些资源的性能优势，导致计算任务分配不均，整体资源利用率降低。

3. 案例分析

为了更好地理解上面所说的问题，下面来看几个实际案例。

科学计算：在高性能计算中心，科研人员需要使用大量的 GPU 进行模拟和计算。这些任务通常要求高计算能力和长时间运行。科研人员需要手动配置每个任务的资源，这不仅增加了准备工作的时间，还可能因为不熟悉硬件配置导致资源浪费。例如，一个研究团队可能同时运行多个深度学习模型训练任务，每个任务需要占用不同数量的 GPU，手动配置和调整这些任务的资源不仅费时费力，还容易出错。

企业数据中心：在企业数据中心，多个应用和服务需要同时运行，并且需要高效利用现有的计算资源。系统管理员需要手动管理每个应用的资源需求，并确保没有资源冲突。例如，一个大型电商网站在购物高峰期需要大量计算资源来处理订单和用户请求，如果管理员不能及时调整资源分配，可能会导致部分服务崩溃或性能下降。

云计算平台：在云计算环境中，用户租用计算资源来运行各种任务。云服务提供商需要根据用户需求动态分配资源，但在许多情况下，用户需要手动选择和配置虚拟机与 GPU 实例。这种手动配置不仅增加了用户的负担，还降低了资源利用效率。例如，一个视频处理任务需要在短时间内完成大量视频编码工作，用户需要手动选择合适的 GPU 实例，并在任务完成后释放资源，整个过程需要精细的管理和协调。

异构数据中心：在一个拥有多种不同型号 GPU 的异构数据中心，系统管理员需要了解每种 GPU 的具体性能特点，并根据任务需求手动分配合适的 GPU。例如，在一个同时拥有 NVIDIA V100、A100 和 P100 GPU 的数据中心，一个需要高计算能力的任务可能需要被分配到 A100 上，而一些较为简单的任务则可以使用 P100。然而，这种手动分配不仅增加了配置的复杂性，还可能导致高性能 GPU 资源的浪费，如果管理员未能合理分配，可能会出现高性能设备闲置而低性能设备超负荷运行的情况。

通过以上案例分析，可以清楚地看到当前手动管理系统在复杂性、灵活性和资源利用率方面存在的诸多问题。这些问题不仅影响了用户体验，还限制了系统的整体性能和扩展能力。

6.4.2　NEW POSIX 设计

为了克服这些挑战，我们提出了一套基于服务质量（QoS）的资源管理接口，用户只需通过简单的 QoS 指标来表达业务的需求，系统就可以通过智能化手段自动处理具体的资源分配和优化。这样的设计体现了操作系统"策略与机制分离"的设计思想，不仅可以简化用户操作，还能显著提高资源利用效率和系统性能，这里将其称之为 NEW POSIX 接口。

下面详细探讨这一接口的设计理念和实现机制，包括如何通过资源监控与分析、机器学习模型、调度决策引擎及反馈与调整机制，实现用户对底层资源无感的资源管理，并希望能够为计算资源的高效管理提供新的思路和方法，推动高性能计算和云计算的发展，提高用户的使用体验和系统的整体效率。

1. 设计理念

NEW POSIX 接口旨在通过用户友好的方式，让用户定义他们的性能需求而非资源诉求，而系统则自动处理具体的资源分配和优化。NEW POSIX 接口的设计理念如下：

用户友好：认为对用户来说，最需要关注的应该是系统的满足度而不是资源本身，也就是用户只需指定他们的业务指标需求，而不需要了解具体的硬件配置。这种方式降低了用户的使用门槛，让非技术用户也能有效利用高性能计算资源。

智能调度：系统利用高效的机器学习算法，根据用户需求和系统状态动态调整资源分配，以优化整体性能。智能调度不仅可以提高资源利用率，还能动态响应变化的负载需求，确保系统始终处于最佳运行状态。

适应性：系统能够监控和分析运行时的工作负载与资源使用情况，并进行调整。适应性使系统能够快速响应突发事件和负载波动，确保关键任务的高效执行。

2. 实现机制

实现异构资源管理接口需要整合多项技术，确保系统能够准确进行资源调度，以满足用户的多样化需求。该机制可以分为资源监控与分析和智能调整机制两个关键部分。

1）资源监控与分析

资源监控与分析是实现智能资源管理的基础。它包括以下几个方面：

➢ 实时监控：部署轻量级代理，监控系统中的各种资源（如 GPU、CPU、内存、存储）的使用情况。实时监控数据包括温度、功耗、使用量等各类状态。使用 Prometheus 等开源监控工具实现高效的数据收集和存储。

➢ 数据聚合与预处理：将实时监控数据进行聚合和预处理，以便进一步分析。例如，对数据进行去噪、归一化和特征提取，确保数据质量和一致性。

➢ 性能指标分析：通过分析资源的使用情况，计算各种性能指标，如平均利用率、最大利用率、波动性等。这些指标可以帮助识别系统瓶颈和解决资源分配不均的问题。

➢ 历史数据存储与查询：将监控数据和性能指标存储在一个高效的数据库中，如 InfluxDB 或 TimescaleDB，以便进行历史趋势分析和建模。

2）智能调整机制

智能调整机制确保系统能够持续满足用户需求，并在出现问题时及时调整。它具体包括以下几个方面：

➤ 实时反馈：实时监控任务的执行情况，收集性能数据和状态信息。通过仪表板或告警系统，向用户和管理员提供实时反馈。

➤ 异常检测与处理：利用监控数据，检测任务执行中的异常情况（如资源利用率过高、任务延迟等），并进行自动处理，包括资源重分配、任务重启等措施。

➤ 策略调整与优化：基于反馈数据调整调度策略。例如，当某类任务的实际资源需求超出预测时，可以调整调度策略，以提高预测准确性和调度效率。

6.4.3　openEuler 当前实现

NEW POSIX 接口目前正在开发中，但技术的创新和发展离不开社区的力量与广泛的生态建设。我们相信，通过汇集行业专家、开发者、企业用户等多方的智慧和经验，可以更好地完善和优化这项技术，进一步增强技术实用性和普适性。通过构建强大的生态系统，NEW POSIX 接口在未来的竞争中将具备更强的优势。

为此，我们将在后续的规划中逐步开源 NEW POSIX 技术的相关组件和功能，邀请社区共同参与技术的孵化和迭代。

我们期待，通过群策群力和生态协同，NEW POSIX 接口能够持续创新，推动行业技术的进步，为全球用户带来更大的价值和更广泛的应用。

如果要了解更多相关信息，感兴趣的读者可以在 openEuler 异构融合 SIG 中进行交流和讨论。

6.4.4　总结与展望

NEW POSIX 接口的引入为高性能计算和云计算领域带来了一种全新的资源管理方式，克服了传统手动指定资源方式带来的管理复杂度高、资源利用率低、灵活性差和扩展性受限等诸多问题。NEW POSIX 接口通过用户友好、智能调度和适应性的设计，让用户只需指定个性需求，系统就能自动处理具体的资源分配和优化，显著提高了资源利用效率和系统性能。接口的设计理念强调用户不再需要深入了解硬件配置，系统会根据实时监控和分析数据调整资源分配，以确保高效、灵活地响应变化的工作负载需求。

展望未来，NEW POSIX 接口将通过多方面的持续改进与发展，不断提升其功能和应用范围。首先，将致力于增强预测功能的精度，通过引入更多的训练数据和更先进的算法，提高资源需求预测的准确性，从而进一步优化资源分配和调度策略。其次，接口也将扩展支持更多类型的异构计算资源，如 NPU、TPU 等，提供更广泛的资源管理能力，满足不同应用场景的需求。此外，优化用户体验也是其重要目标之一，通过改进接口设计和用户交互方式，使用户能够更方便地定义和管理他们的资源需求，提升整体使用体验。

在提升系统鲁棒性和扩展性方面，NEW POSIX 接口将进一步优化系统架构，确保在大规模计算环境中也能高效、稳定地运行，应对各种负载和规模的挑战。通过智能调整机制，系统能够在出现问题时进行调整，确保任务顺利完成并满足业务需求。同时，将积极推广 NEW POSIX 接口在各类计算环境中的应用，如科研计算、企业数据中心、云计算平台等，推动整个计算生态系统的进步，帮助各行业实现更高效的计算资源管理。

NEW POSIX 接口的推出，为计算资源的高效管理提供了新的思路和方法，有望在未来通过不断地创新和优化，在更多应用场景中发挥重要作用，助力各行业实现更高效的计算资源管理，推动高性能计算和云计算的发展，提高用户的使用体验和系统的整体效率。相信 NEW POSIX 接口能够成为计算资源管理领域的标准，引领技术变革，推动行业进步，为用户和企业带来切实的价值与竞争优势。

6.5　本章小结

　　硬件从单节点演变到多节点（Rack 内的多个节点）后，系统故障域的范围扩大，系统的信任边界被打破、数据跨节点流通，安全也面临新的挑战和威胁。另外，系统集群化后，慢节点和慢网络等亚健康问题状态的检测和定位也变得更加困难，系统调优需要搜索的状态空间也剧烈膨胀。本章介绍了通过池化核心服务中的技术来解决这些问题。异构可靠性服务提供了节点内和节点间的两层 RAS 能力，包含故障巡检、故障隔离、故障恢复等多项技术，通过这些技术可以解决故障域扩大的问题。异构安全服务包含系统安全服务对异构系统进行完整性保护，跨节点的访问控制技术防止未授权的访问，secGear 机密计算架构为异构融合操作系统的数据提供了机密计算的能力。最后介绍了一套异构资源管理接口 NEW POSIX，这种接口不但能简化用户操作，还能显著提高资源利用效率和系统性能。

第 3 篇 openEuler 异构融合操作系统应用实践

第 3 篇聚焦于 openEuler 异构融合操作系统关键技术在行业应用过程中的实践案例，介绍每个场景的核心诉求，并在此基础上给出解决方案和实践效果。我们期望通过这些行业实践，让更多的行业用户、开发者使用 openEuler 异构融合操作系统，并一起参与共建 openEuler 异构融合操作系统。

第 7 章　openEuler 异构融合操作系统行业实践案例

前面两篇已经详细介绍了 openEuler 异构融合操作系统的架构和技术，本章主要介绍其中部分技术在实际应用过程中的实践案例。由于厂商信息及部分业务信息存在敏感性，本书在阐述过程中进行了匿名化或者简化处理。

7.1　华为某产品大模型推理场景实践

该业务是华为某产品应用范围最广、用户保有量最大的业务之一，运行环境涉及亿级规模的多样化端侧设备。然而，当前此业务的生产环境中集群资源实际申请的内存和真正使用的内存存在较大差距，内存利用率低，进而造成 CPU 未被充分利用。

7.1.1　核心诉求

当前，在该业务的云生产环境中，推理主力场景为万亿级稀疏，需要多卡并行，万亿模型采用单节点推理（单机显存>1.5TB），该业务主要有如下特点：

（1）投机推理等场景大小模型交替，目前仅使用昇腾处理器，而 75%以上的鲲鹏核闲置。

（2）大模型推理吞吐与 HBM 容量强相关，当前单台 8 卡服务器 HBM 容量仅有 256GB，而 1.5TB 容量的 DRAM 大量空间闲置。

（3）静态内存管理模式无法有效提升推理吞吐，HBM 内存容量严重制约并发量提升。

业务上有高吞吐、低时延、低成本、高资源利用率的诉求，具体包括：

（1）相同规格的硬件在满足业务 SLO 的需求下，实现更高吞吐量。

（2）针对性能敏感场景，实现极低时延，快速实现业务请求处理。

（3）针对成本敏感场景，实现资源融合复用，降低业务成本。

对操作系统的诉求包括推理计算协同和充分使用空闲 CPU。

7.1.2 解决方案

为了达到以上业务目标，我们主要基于异构融合内存和异构融合调度的技术提供了解决方案。

1. 基于异构融合内存的内存复用投机推理

本方案的核心思想是，基于异构融合内存管理，推理模型内存原地复用生成小模型，实现小模型免训与"零"底噪投机推理方案，从而提升推理的吞吐性能[①]。如图 7-1 所示，其中关键技术有以下几项：

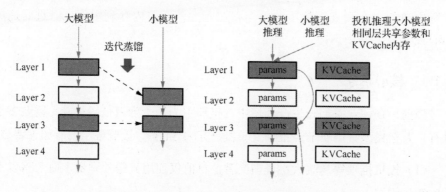

图 7-1　基于异构融合内存的内存复用投机推理方案

---

① 引用自论文 "LayerSkip: Enabling Early Exit Inference and Self- Speculative Decoding (arxiv.org)"。

（1）小模型免重训：在已有大模型的基础上，采用"抽层"算法获取小模型，无须针对性地训练一个小模型。

（2）大小模型内存复用：基于异构融合内存管理，大小模型部署在相同节点，小模型所需的内存可以完全复用大模型所使用的内存，并且小模型的 KVCache 内存和大模型完全共享，实现"零"底噪的投机推理。

2. 基于异构融合调度的 CPU+NPU 算力融合投机推理

本方案主要的思路是，通过 CPU 节点和 NPU 节点并行执行，协同完成同一个大模型投机推理任务，这样可以利用 CPU 节点的算力来弥补 NPU 侧的算力不足，从而提升业务整体的吞吐性能。如图 7-2 所示，其主要包括异构协同调度、异构执行加速、异构算力抽象三个部分。

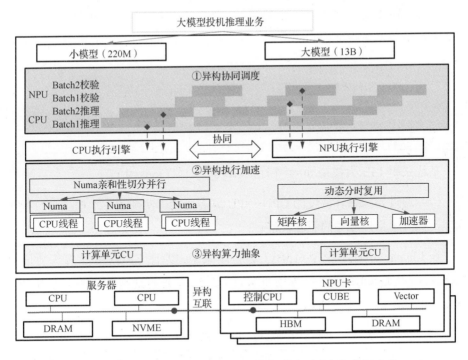

图 7-2　基于异构融合调度的 CPU+NPU 算力融合投机推理方案

（1）异构协同调度：负责 CPU 和 NPU 推理任务的调度及协同，向 CPU 执行引擎下发批量推理请求，并将执行结果下发到 NPU 执行引擎进行批量校验。

（2）异构执行加速：对多样算力执行任务进行推理加速，CPU 侧支持将多 Batch 任务流动态亲和切分到多 Numa 执行；支持矩阵/向量灵活切片、虚拟化动态算力复用。

（3）异构算力抽象：支持将异构算力单元抽象成统一算力单元，提供计算、内存、通信协同的虚拟融合资源，支持异构应用按需动态部署，错峰填谷，提升整体效率。

7.1.3 实施效果

上面的两个方案给该业务带来了不同程度的性能提升。

（1）结合异构融合内存，实现了内存复用投机推理，提升了推理业务的吞吐性能。

在该业务 13B 大模型 Plugin 场景中，使用内存复用投机推理技术，基于该业务 Plugin 数据集验证端到端推理吞吐量提升了 11.8%～21.1%，如表 7-1 所示。

表 7-1 异构融合内存方案结果

输入	基线 （tokens/s）	内存复用投机推理 （tokens/s）	性能提升
Plugin 数据集采样 100 条 Batchsize=1	35.1	42.5	21.1%
Plugin 数据集采样 100 条 Batchsize=4	94.2	105.3	11.8%

基线采用 13B 大模型 tp=4 并行，greedy 采样（topk=1）。

（2）通过异构融合调度的 CPU+NPU 算力协同，实现了大小模型并行投机推理，提升了推理业务的吞吐性能。

在 Llama-220M 小模型+13B 大模型场景中，验证 CPU+NPU 算力协同投机推理，并完成 66B 推理业务场景验证，最终验证端到端业务吞吐量提升了 28%～37.5%，如表 7-2 所示。

表 7-2 异构融合调度的 CPU+NPU 算力协同方案结果

输　入	基线（tokens/s）	算力融合（tokens/s）	性能提升
13B 模型 4Batch 64 prompt	145	199	37.5%
66B 模型 4Batch 256 prompt	82	105	28%

基线采用 13B 大模型 tp=2 并行，greedy 采样（topk=1）。

7.2　一虚多模拟某网上购物商城商品推荐/OCR 等业务

7.2.1　核心诉求

图 7-3 展示了该购物商城推荐业务及 OCR 业务的技术栈，业务大致划分为特征提取、聚类、模型推理等过程。商品推荐通过模型推理生成推荐结果，OCR 业务通过 Resnet50 模型进行图片识别，业务部署在公有云容器上。由于 NPU 整卡映射到业务容器中，因此，当较小的推理业务运行在整卡上的时候，算力利用率低，大量的算力被浪费，造成成本的升高。

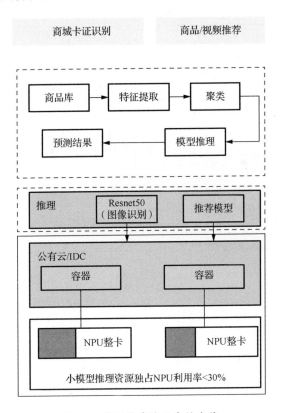

图 7-3　某购物商城业务技术栈

基于上述痛点问题，该购物商城 OCR 和商品推荐的核心诉求是，在异构卡驱动层面实现异构算力和内存的彻底隔离，同时能够实现资源切分的灵活弹性，提升资源利用率。

7.2.2　解决方案

下面使用融合虚拟化技术来解决遇到的上述问题，以达成资源利用率提升的目标。如图 7-4 所示，图中表示的业务流程前面章节已经介绍，不同点在于该方案采用异构融合虚拟化，通过软件的方式将 NPU 设备管理起来，实现静态复用，AICore 算力、HBM 显存容量等资源实行 QoS 控制；在操作系统层通过设备虚拟化技术，将硬件资源按需虚拟成多个虚拟 NPU，实现一虚多，多任务混合部署。

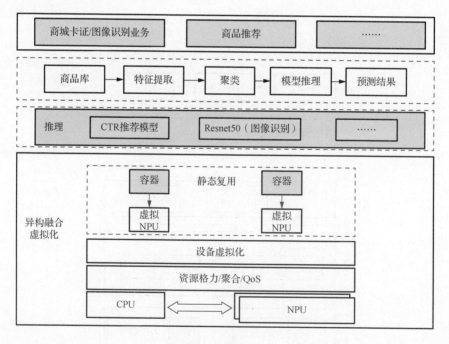

图 7-4　场景技术方案

经过将算力切分的虚拟设备映射到容器中，即可为业务提供计算，且业务对虚拟 NPU 还是整卡无感，无须业务进行适配。

7.2.3　实施效果

表 7-3 展示了在该商城图像识别类业务下推理吞吐量为 0.9x～2.5x，在算力切分 1∶4 的条件下 NPU 算力利用率提升至 39%。基本解决了算力利用率较低（<30%）的痛点问题。

表 7-3　不同算力切分下吞吐量和利用率统计

切分比	吞吐量（fps）	算力利用率（%）
单卡独占	4923	11
1∶2 切分	9481	22
1∶4 切分	17 655	39

算力切分方案已经完成静态复用的技术穿刺，与该商城（样板点）初步对齐联创诉求，且技术成熟，可复制到其他客户。

7.3　某科技零售公司推荐场景的推理加速

7.3.1　核心诉求

图 7-5 展示的是该公司推荐业务的技术栈，推理模型运行在推理框架 TensorFlow 上，基于鲲鹏+昇腾+操作系统（openEuler）+ CANN + NPU 完成业务推理。

在该公司推荐业务中，中小模型推荐场景数据处理时间占比长，使用 NPU 计算的性价比不高，CPU 在该场景上更具优势。基于这样的场景，期望通过鲲鹏+昇腾协同操作系统 + 毕昇端到端提升推理吞吐量为 20%，鲲鹏+昇腾整机推理吞吐量达成 1.5x A30（现状 0.9x，提升目标为 60%）。

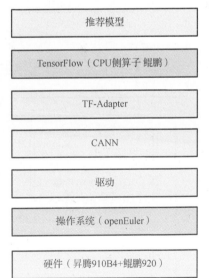

图 7-5　该公司推荐业务技术栈

在上述鲲鹏+昇腾方案的性能提升过程中，存在诸多痛点问题，其中一个问题是存在大量小包数据（小于 512KB）的 H2D 搬运，基于 aclrtMemcpy 接口进行 H2D 搬运时 PCIE 带宽利用率不足 5%，造成 H2D 拷贝时间过长，影响端到端吞吐量。

7.3.2　解决方案

PCIE-through 技术利用 AICore 驱动 MTE 并将数据拷贝到 NPU 的 HBM，利用 PCIE-through 高 PCIE 带宽的特性，以及 MTE 拷贝数据时释放的 CPU 算力，提高算子拷贝效率。

图 7-6 所示为 PCIE-through 拷贝算子的流程。根据数据大小和 PCIE-through 拷贝时对 PCIE 带宽关系的分析，在拷贝 128KB 大小的数据时 PCIE 带宽最大，

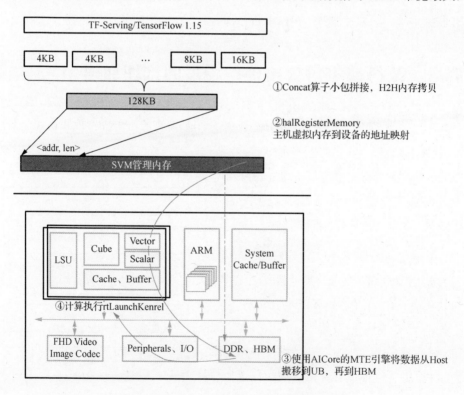

图 7-6　PCIE-through 拷贝小包数据示意图

所以拷贝前要先将小包数据拼接成 128KB 的包并做地址的映射；拷贝时会下发一个 PCIE-through 的算子，AICore 执行该算子就会驱动 MTE 引擎发起数据拷贝，这个过程可以和 CPU 拼接小包数据流水并行；在数据被拷贝到 HBM 后，AICore 就可以执行业务模型的算子了。

7.3.3　实施效果

根据现场测试，该公司业务所使用的模型中，M1、M6、M7 三个模型的 H2D 阶段耗时平均减少 0.1ms，QPS 平均提升 5%。PCIE-through 拷贝小包数据的特性支撑了鲲鹏+昇腾整机推理吞吐量达成 1.5x A30 的目标。

7.4　智能化运维服务案例：某科技零售公司模型训练性能抖动问题的快速定位

7.4.1　核心诉求

该公司某业务中存在使用 6000 块卡的模型训练任务，在训练过程中出现慢节点，导致性能出现抖动（NPU 侧有 4%的性能降低），相同代码在 GPU 侧的性能抖动不超过 1%，业务不可接受。昇腾部门用时 1 个月才对问题进行了准确定位，经过多方排查，最终通过调整 Python GC 机制的阈值发现该性能抖动的问题不再复现。

对于 Python GC 引发的训练任务出现性能抖动的问题，由于缺乏正向的定位手段，导致整个定位过程耗时比较久。因此，需要提供一个正向定位手段来实现对 Python GC 引发的性能抖动问题的快速定位。

7.4.2　解决方案

通过智能化运维服务提供的主机侧性能分析的解决方案，可以实现对 Python GC 引发的性能抖动问题的快速定位。

主机侧性能分析工具支持对 Python 应用程序的 Python 运行时事件进行观

测，包括对 Python GC 事件的观测。通过对出现性能抖动的训练任务开启主机侧性能分析工具，可以发现训练任务运行过程中执行的 Python GC 事件的耗时等信息，从而进一步判断 Python GC 是否存在性能问题。

7.4.3　实施效果

针对该案例，通过主机侧性能分析工具，可以实现小时级定位到 Python GC 耗时导致的性能问题，定位过程如图 7-7 所示。针对训练任务 step 的迭代时延增加的时间段，打开 Python GC 线程的性能分析结果（以时间线的形式展示），可以发现关键时间耗时较长，约为 230 ms，与 step 耗时增长匹配，所以可以确认是 gc 问题导致的 step 迭代时延上升。

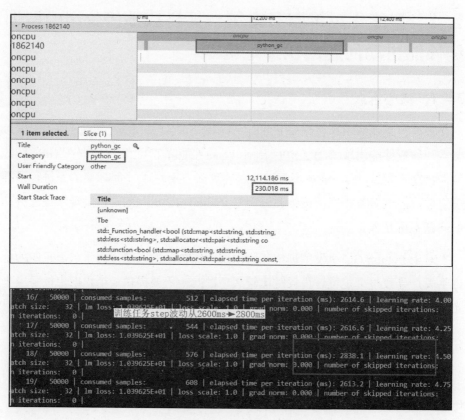

图 7-7　python_gc 问题定位

7.5　智能化运维服务案例：某生活指南公司模型训练场景下性能下降问题的快速定位

7.5.1　核心诉求

该公司线上千卡训练任务出现线性度问题，定位时长超过 3 周，最后定位到 hccl alltoall plog run 日志导致远端存储日志打印过多，导致所有节点性能均匀变慢（性能劣化 30%以上）。

针对该案例中因训练框架中出现的热点函数（alltoall 相关的函数）导致的性能问题，现有的定位工具主要是基于 PyTorch 的分析工具，该分析工具聚焦于算子级别的业务性能分析，观测范围窄，无法覆盖更多系统层面的事件。因此，需要一种系统层面的性能分析方法，以实现对训练任务中出现的 CPU 热点函数导致的性能问题的快速定位。

7.5.2　解决方案

通过智能化运维服务提供的主机侧性能分析的解决方案，可以实现对训练任务中出现的 CPU 热点函数导致的性能问题进行快速定位。

主机侧性能分析工具支持对 Python 应用程序的 CPU 堆栈进行采样，且采样的堆栈中包括用户栈（覆盖 MindSpore/PyTorch/CANN 框架栈）以及 Python 脚本栈的信息，从而实现对应用程序的热点函数耗时和占比进行分析与定位。通过对性能正常及性能出现劣化的训练任务分别开启主机侧性能分析工具，对采样的 CPU 堆栈进行对比分析，从而识别出热点函数调用，并通过堆栈信息进一步分析原因。

7.5.3　实施效果

通过使用主机侧分析工具，可分析出结论：hccl alltoall()函数导致性能劣化。定位的大致过程：主线程的 futex 调用等待时长劣化较多（70ms）→分析竞争线程调用栈数据→小时级定位到 hccl alltoall()函数。详细的定位步骤如下：

（1）使用主机侧分析工具，针对正常模型和慢模型分别导出 Profiling 分析结果，如图 7-8 所示，通过对比分析发现训练任务的主线程 futex（线程之间存在互斥）操作劣化 35%，与业务性能劣化 35% 相吻合。

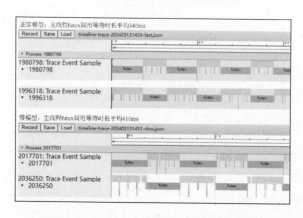

图 7-8　正常模型和慢模型的 Profiling 结果对比

（2）进一步分析 futex 耗时变长的原因。如图 7-9 所示，分析发现，在同一个训练任务中，主线程与另一个线程存在明显的 onCPU/offCPU 错峰现象。因此，可以进一步分析主线程执行 futex 期间另一个线程的 onCPU 占用情况。

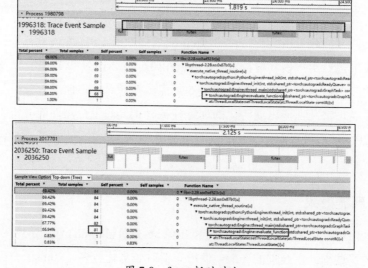

图 7-9　futex 耗时对比

（3）针对 onCPU（高嫌疑）线程，如图 7-10 所示，以 10ms 为周期采集 CPU 堆栈信息，使用 chrome trace 前端界面方式对比正常/异常两种情况，通过对比发现，hccl_alltoall 劣化 50ms，缩小故障排除范围至单个算子。

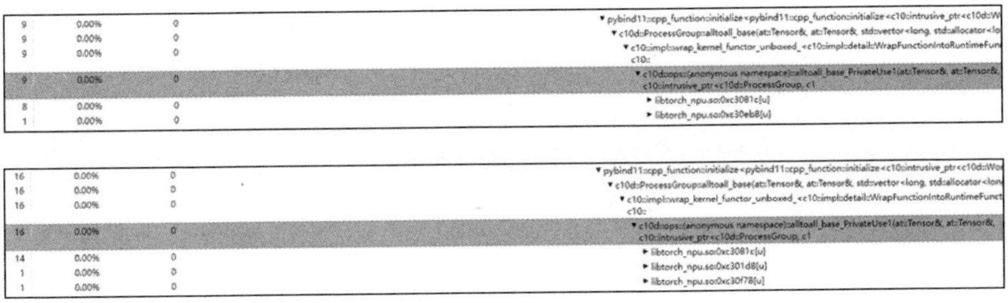

图 7-10　onCPU 线程对比

7.6　中国信息通信研究院大模型应用实践

7.6.1　核心诉求

1. 网络资源融合需求

大模型训练涉及大量的数据传输，包括模型参数、梯度更新等，因此需要高带宽的网络连接来确保数据的快速传输。具体来说，网络带宽需求可能达到 400Gb-s 甚至更高，以满足数千 GPU 组成的集群之间的数据传输需求。同时，在分布式训练中，各个计算设备之间需要频繁地进行数据同步和通信。低时延的网络连接可以减少通信时间，提高整体训练效率。特别是在同步训练模式下，多机多卡间需要完成集合通信操作后才能进行下一轮迭代或计算，因此低时延网络对于提升 GPU 有效计算时间占比至关重要。随着 AI 技术与网络技术的发展，未来 AI 智算中心基础设施必然存在多种类型的网卡、不同的接口速率、不同的 RDMA 协议，这就要求操作系统层需要能够有效地融合网络资源，将可应用的网络资源池化，并抽象给 AI 应用层。

因此，操作系统只有更好地融合异构网络资源，才能满足大模型训练中多种并行计算模式的需求，提升 AI 训练和推理的效率。

2. 智算应用与网络测试需求

随着 AI 大模型的广泛应用，对于大模型的性能、功能、安全性等测试均有着迫切需求，主要包括：

1）功能性测试

单元测试：测试模型中的单个组件或模块是否按预期工作。

集成测试：验证不同模块或组件之间的交互是否符合设计。

端到端测试：模拟用户操作流程，测试整个应用系统的功能。

2）性能测试

负载测试：模拟高负载情况，测试模型的响应时间和系统稳定性。

压力测试：持续增加负载，直到系统崩溃，以确定系统的极限。

并发测试：测试模型在多用户同时访问时的表现。

效率测试：评估模型在不同硬件配置下的资源使用效率。

3）可靠性测试

恢复测试：模拟系统故障，测试模型的恢复能力。

容错测试：测试系统在部分组件失败时的持续运行能力。

4）安全性测试

注入攻击测试：测试模型对 SQL 注入、命令注入等攻击的防护能力。

隐私保护测试：确保模型不会泄露敏感信息。

5）用户体验测试

界面测试：确保用户界面友好、直观、易用。

可用性测试：评估模型在实际使用中的便利性和有效性。

6）验证和验证测试

准确性验证：使用标准数据集验证模型的预测准确性。

泛化能力验证：测试模型在新数据上的表现。

大模型的测试需要建立在操作系统的基础上完成，通过专用网络测试仪、HCCL 等流量压测工具，以及大模型真实训练与推理，实施上述涉及的测试项目。

根据目前国内外主流的测试工具实施来看，均需要操作系统层面能够进行适配，操作系统应能够融合各类测试工具，同时可以实现异构硬件资源的调度，从而完成测试。大模型与网络的测试对 AI 技术的发展起着至关重要的作用，同时操作系统在测试层面也应具备异构融合的能力，以配合 AI 测试的顺利实施。

3. 异构算力资源的融合需求

异构算力指的是由不同型号、不同架构的 AI 芯片（如 GPU、NPU 等）组成的计算资源。在实际应用中，企业往往会在不同阶段购买不同厂商或同一厂商不同代际的 AI 加速硬件，以满足不同工作负载的需求，并尽可能地发挥各类设备的最大优势，节省使用成本。然而，这些不同型号的 AI 训练卡集群之间往往存在“资源墙”，难以有效整合与利用，从而限制了大规模异构混合训练的实现。随着 AI 技术的不断发展和大模型应用场景的不断拓展，异构算力的融合需求变得更加迫切。未来，业界需要进一步探索不同架构设备上的异构训练方案，优化异构并行训练算法和框架，提高异构算力的整合和利用效率，为大规模的大模型训练和应用提供更加坚实的算力基础。这也要求操作系统需要为异构算力的融合作出贡献，发挥其承上启下的作用，整合不同的算力资源，为 AI 训练和推理提供支撑。

7.6.2　详细实践

中国信息通信研究院基于 openEuler 异构融合操作系统，开展了异构融合的实践测试工作，该实践通过搭建 AI 大模型及网络，探索操作系统异构融合的特性与需求。实践环境组网拓扑图，如图 7-11 所示。

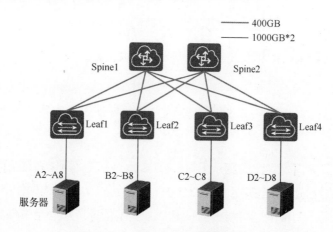

图 7-11   100GB 组网测试拓扑图

如图 7-11 所示，每台服务器有 8 个 100GE 网口，服务器 1 的 8 个网口连至 Leaf1，服务器 2 的 8 个网口连至 Leaf2，依次类推。Leaf1 编号为 1、2、3、4、5、6、7、8 的端口连接服务器，Leaf2 编号为 1、3、5、7、9、11、13、15 的端口连接服务器，Leaf3 编号为 1、4、7、10、13、16、19、22 的端口连接服务器，leaf4 编号为 1、5、9、13、17、21、25、29 的端口连接服务器。Leaf 交换机上下行收敛比为 1：1，Leaf 交换机之间不做 MC-LAG，网关部署在 Leaf 交换机上。

AI 算力服务器采用的是昇腾 910B，单台服务器中含 8 块 NPU 算力卡，共由 4 台服务器组成集群，作为大模型并行训练的基础设施，操作系统为 openEuler 异构融合操作系统。

1. 大模型的安装与调试

在异构融合的应用实践中，我们选择 Llama2 及 ResNet 作为异构融合实践的样本，Llama2 模型的部署安装需要借助 Docker 来完成。安装部署步骤如下：

1）安装 pip install -U huggingface_hub

```
#export HF_ENDPOINT=https://hf-mirror.com
```

```
huggingface-cli download --local-dir-use-symlinks False
--resume-download NousResearch/Llama-2-7b-hf --local-dir
Llama-2-7b-hf
huggingface-cli download --local-dir-use-symlinks False
--resume-download NousResearch/Llama-2-13b-hf --local-dir
Llama-2-13b-hf
```

通过封底的读者服务可下载相关数据集。

2）启动容器

```
#docker run -it -u root \
--network host --ipc=host \
--device=/dev/davinci0 \
--device=/dev/davinci1 \
--device=/dev/davinci2 \
--device=/dev/davinci3 \
--device=/dev/davinci4 \
--device=/dev/davinci5 \
--device=/dev/davinci6 \
--device=/dev/davinci7 \
--device=/dev/davinci_manager \
--device=/dev/devmm_svm \
--device=/dev/hisi_hdc \
-v /usr/local/Ascend/driver:usr/local/Ascend/driver \
-v /usr/local/bin/npu-smi:/usr/local/bin/npu-smi \
-v /usr/local/sbin/:/usr/local/sbin \
-v /usr/slog:/usr/slog \
-v /usr/local/dcmi:/usr/local/dcmi \
-v /var/log/npu:/var/log/npu \
-v /usr/local/Ascend/driver/lib64/:/usr/local/Ascend/driver/lib64/ \
-v /usr/local/Ascend/driver/tools/:/usr/local/Ascend/driver/tools/ \
-v /usr/local/Ascend/add-ons/:/usr/local/Ascend/add-ons/ \
-v /etc/ascend_install.info:/etc/ascend_install.info \
-v /usr/local/Ascend/driver/version.info:/usr/local/Ascend/
driver/version.info \
```

```
-v /data/:/data/ \
--name llama2-13b \
registry.cn-hangzhou.aliyuncs.com/xjb_ascend/qwen1.5-32b-cann8.0
.rc1-py38-arm:v20240524-1
```

3）进行数据转换

进入容器后创建目录：

```
#mkdir  dataset_llama2
#mkdir  model_from_hf
#mkdir  -p dataset/llama2-7b
#mkdir  -p dataset/llama2-13b
```

7B 模型数据转换：

```
#python ./tools/preprocess_data.py \
    --input /data/train-00000-of-00001-a09b74b3ef9c3b56.parquet \
    --tokenizer-name-or-path /data/Llama-2-7b-hf \
    --output-prefix ./dataset/llama2-7b/alpaca \
    --workers 4 \
    --log-interval 1000  \
    --tokenizer-type PretrainedFromHF
```

13B 模型数据转换：

```
#python ./tools/preprocess_data.py \
    --input /data/train-00000-of-00001-a09b74b3ef9c3b56.parquet \
    --tokenizer-name-or-path /data/Llama-2-13b-hf \
    --output-prefix ./dataset/llama2-13b/alpaca \
    --workers 4 \
    --log-interval 1000  \
    --tokenizer-type PretrainedFromHF
```

4）模型转换

7B 模型：

```
#mkdir -p model_weights/llama2-7b-tp8-pp4
#python tools/checkpoint/convert_ckpt.py \
```

```
    --model-type GPT \
    --loader llama2_hf \
    --saver megatron \
    --target-tensor-parallel-size 8 \
    --target-pipeline-parallel-size 4 \
    --load-dir /data/Llama-2-7b-hf \
    --save-dir ./model_weights/llama2-7b-tp8-pp4/ \
    --tokenizer-model /data/Llama-2-7b-hf/tokenizer.model \
--params-dtype bf16
```

13B 模型：

```
#mkdir -p model_weights/llama2-13b-tp8-pp4
#python tools/checkpoint/convert_ckpt.py \
    --model-type GPT \
    --loader llama2_hf \
    --saver megatron \
    --target-tensor-parallel-size 8 \
    --target-pipeline-parallel-size 4 \
    --load-dir /data/Llama-2-13b-hf \
    --save-dir ./model_weights/llama2-13b-tp8-pp4/ \
    --tokenizer-model /data/Llama-2-13b-hf/tokenizer.model \
--params-dtype bf16
```

2. 大模型训练

在系统上部署完大模型后，即可开展大模型的训练并行。在大模型并行训练的过程中，openEuler 异构融合操作系统会和昇腾 CANN 共同实现算力的整体融合与调度，实现算力资源的最高利用率。

7B 模型：

```
#vi examples/llama2/pretrain_llama2_7b_ptd.sh
```

模型并行训练需要修改对应的网络参数：

```
GPUS_PER_NODE=8
MASTER_ADDR=172.30.210.22
```

```
MASTER_PORT=6000
NNODES=4
NODE_RANK=0  ##0、1、2、3  172.30.210.22
WORLD_SIZE=$(($GPUS_PER_NODE*$NNODES))
CKPT_SAVE_DIR="./model_weights/llama2-7b-tp8-pp4/"
DATA_PATH="./dataset/llama2-7b/alpaca_text_document"
TOKENIZER_MODEL="/data/Llama-2-7b-hf/tokenizer.model"
CKPT_LOAD_DIR="./model_weights/llama2-7b-tp8-pp4/"
TP=8
PP=4
```

运行脚本：

```
#source /usr/local/Ascend/ascend-toolkit/set_env.sh
#bash examples/llama2/pretrain_llama2_7b_ptd.sh
```

13B 模型：

```
#vi examples/llama2/pretrain_llama2_13B_ptd_8p.sh
```

模型并行训练需要修改对应的网络参数：

```
GPUS_PER_NODE=8
MASTER_ADDR=172.30.210.22
MASTER_PORT=6000
NNODES=4
NODE_RANK=0      ##各物理节点分别对应 0、1、2、3
WORLD_SIZE=$(($GPUS_PER_NODE*$NNODES))
CKPT_SAVE_DIR="./model_weights/llama2-13b-tp8-pp4/"
DATA_PATH="./dataset/llama2-13b/alpaca_text_document"
TOKENIZER_MODEL="/data/Llama-2-13b-hf/tokenizer.model"
CKPT_LOAD_DIR="./model_weights/llama2-13b-tp8-pp4/"
TP=8
PP=4
```

运行脚本：

```
#bash examples/llama2/pretrain_llama2_13B_ptd_8p.sh
```

3. 大模型网络测试

对于大模型网络的资源验证，也可以通过 openEuler 系统与异腾 HCCL 工具配合完成，HCCL 会通过操作系统调用网络流量模型，对大模型的承载网络进行性能验证，考查网络是否可以承载大模型的并行训练。

HCCL 的配置步骤：

（1）各物理节点分别配置 HCCL 性能测试工具编译时依赖的环境变量：

```
#export INSTALL_DIR=/usr/local/Ascend/ascend-toolkit/latest
#export PATH=/usr/local/mpich-3.2.1/bin:$PATH
```

（2）各物理节点分别编译 HCCL 性能测试工具：

进入 HCCL 性能测试工具源码存放路径：

```
#cd /usr/local/Ascend/ascend-toolkit/latest/tools/hccl_test
```

执行如下命令进行 HCCL 性能测试工具的编译：

```
#make MPI_HOME=/usr/local/mpich-3.2.1 ASCEND_DIR=${INSTALL_DIR}
```

编译成功后，会在${INSTALL_DIR}/tools/hccl_test/bin 目录下生成集合通信性能测试工具的可执行文件，如 all_gather_test、all_reduce_test 等，每一个可执行文件对应一个集合通信算子。

（3）配置 HCCL 的初始化路径通信网卡使用的 IP 版本，AF_INET：IPv4；AF_INET6：IPv6。

```
#export HCCL_SOCKET_FAMILY=AF_INET
#export HCCL_SOCKET_IFNAME==enp189s0f0
```

调整 NPU 之间共享缓冲区的大小：两个 NPU 之间共享数据的缓存区大小，默认为 200MB，可通过环境变量 HCCL_BUFFSIZE 进行调整，单位为 MB，取值大于等于 1，默认值是 200MB。

修改集群配置文件，将 IP 地址添加到 hostfile 中去，找到/usr/local/Ascend/ascend-toolkit/latest/tools/hccl_test/hostfile 文件，添加：

```
172.30.210.22:8
172.30.210.24:8
172.30.210.26:8
172.30.210.28:8
```

配置好后，即可运行集合通信测试：

```
#cd /usr/local/Ascend/ascend-toolkit/latest/tools/hccl_test/
mpirun -f hostfile -n 32 ./bin/all_reduce_test -b 8K -e 64M -f 2 -d
fp32 -o sum -p 8
```

或者

```
mpirun -f hostfile -n 32 ./bin/all_reduce_test -b 4K -e 128M -f 2
-d fp32 -p 8 -n 200
```

或者

```
mpirun -f hostfile -n 32 ./bin/alltoallv_test -b 4K -e 128M -f 2 -d
fp32 -p 8 -n 200
```

7.7　本章小结

本章主要介绍了当前 openEuler 异构融合操作系统在行业初步应用过程中的实践案例，其中的很多核心技术解决了行业用户的核心问题，并且带来了不错的效果。我们期待更多的行业用户能够使用 openEuler 异构融合操作系统，期待更多的开发者能够一起开发 openEuler 异构融合操作系统，期待更多的同行一起共建异构融合时代的操作系统，大家共同打造中国数字基础设施的"魂"。